高等学校教材

General Chemistry Experiments

普通化学实验

李　绛　梁　渠　王关民　刘光灿　等编

化学工业出版社
·北京·

本书精选了 18 个实验项目，内容选取以够用为度，并综合考虑基本操作训练、性质或理论验证实验、数据测定实验、与实际应用结合的实验等，以练就学生扎实的基本功、培养学生科学的思维方法和创新意识、加深学生对理论联系实际的理解和应用。

本书可作为理工科各专业大一学生的教材，也可供相关人员参考。

图书在版编目（CIP）数据

普通化学实验/李绛等编．—北京：化学工业出版社，2011.8

高等学校教材

ISBN 978-7-122-11531-7

Ⅰ．普… Ⅱ．李… Ⅲ．普通化学-化学实验-高等学校-教材 Ⅳ．O6-3

中国版本图书馆 CIP 数据核字（2011）第 110686 号

责任编辑：宋林青　　　　　　　　文字编辑：陈　雨
责任校对：陶燕华　　　　　　　　装帧设计：史利平

出版发行：化学工业出版社（北京市东城区青年湖南街 13 号　邮政编码 100011）
印　　刷：北京云浩印刷有限责任公司
装　　订：三河市宇新装订厂
710mm×1000mm　1/16　印张 7¾　字数 139 千字　2011 年 9 月北京第 1 版第 1 次印刷

购书咨询：010-64518888（传真：010-64519686）　售后服务：010-64518899
网　　址：http://www.cip.com.cn
凡购买本书，如有缺损质量问题，本社销售中心负责调换。

定　　价：15.00 元　　　　　　　　　　　　　　　　版权所有　违者必究

前　　言

化学（chemistry）是在原子和分子水平上研究物质的组成、结构、性质及其变化规律和变化过程中能量关系的科学。普通化学（general chemistry）作为一门介绍化学基本原理和基础知识的课程，是培养全面发展的现代工程技术人员知识结构和综合素质的重要组成部分。因此，普通化学是非化学化工类理工科专业必不可少的基础知识结构课程，对专业课程学习及今后的发展都有着十分重要的作用。

普通化学实验（general chemistry experiments）是普通化学的重要组成部分。实验课不仅能巩固、扩大和加深基本理论知识，更重要的是能培养学生理论联系实际的能力，培养其分析、解决问题的能力和创新能力，增强工程意识。近年来，随着构建创新性社会的时代要求及教学改革的深入，对普通化学及其实验教学提出了新的要求和挑战，如内容增加而学时减少。因此，有必要编写一本新的实验教材，以适应普通化学课程改革的需要。

根据教育部制定的"工科《普通化学》教学基本内容框架"，对普通化学实验有下列四个方面的要求：

（1）基本操作训练和仪器的使用

加热方法，玻璃仪器的使用，试剂的取用，沉淀分离，容量瓶、移液管和滴定管的使用，分析天平、pH 计、电导仪和分光光度计的使用。

（2）性质或理论的验证

如化学反应速率、解离平衡与沉淀反应、氧化还原反应与电化学、某些单质及化合物。

（3）数据的测定

如化学反应热效应、溶液的 pH 值、解离常数、电导率、电极电势或原电池电动势。

（4）密切结合实际的应用化学实验

可选择开设例如水的净化，工业废水的处理，钢铁中锰含量的测定，电化学抛光，电镀与塑料镀，纳米材料的制备，COD 的测定，蔬菜或水果中维生素 C 含量的测定，含碘食盐中碘含量的测定等实验。

本书包括基本操作实验、综合实验、设计实验三部分，共 18 个项目。

本教材的特点是：

实验选取注意满足教育部制定的"工科《普通化学》教学基本内容框架"的

要求；

    注意增加了综合型及设计型实验的比例，以培养学生的科学思维方法和创新意识；

    注意培养学生的环境保护意识；

    精选实验思考题，加深学生对理论知识的理解和应用。

    参加本书编写的有：李绛、梁渠、王关民、刘光灿、闫书一、李奕霖、马晓艳、王岚、孔祥健、李诚、周志凌，最后由梁渠统稿定稿。

    本书是普通化学实验改革的尝试，肯定存在许多不足之处，欢迎读者批评指正。

编者

2011 年 4 月于成都

目　录

第 1 部分　实验基础知识

1.1　实验基本要求

"普通化学实验"是"普通化学"的重要组成部分。实验课的学习有其特殊性，只有掌握了正确的学习方法，才能保证实验课的学习效果。一般来说，实验课的学习有以下三个步骤：

（1）预习

预习是保证实验顺利进行、取得良好实验效果的前提。预习的关键是要搞清楚实验目的、原理、步骤以及有关的操作方法和注意事项，做到对实验内容心中有数，并简明扼要地写出预习报告（包括简要的实验操作步骤、有关计算公式，并留出记录实验现象和数据的地方）。

（2）实验

① 严格按照实验要求，认真操作，细心观察，如实将实验现象和实验数据记录在预习报告中。

② 实验中遇到疑难问题或反常现象，应认真分析操作过程，找出原因，在教师指导下，重做或补做某些环节。

③ 严格遵守实验室规则及有关安全注意事项。实验过程尽量做到安全、有序、卫生。

（3）实验报告

实验报告是每次实验的总结性报告，应包括以下几部分内容：

① 实验目的。

② 实验原理。

③ 实验内容。尽量采用表格、简图、符号、反应式等形式，简要、清楚地表述实验过程。实验内容中应包括实验现象和数据记录，以及解释、结论和数据处理结果。

④ 按要求完成有关思考题，并对实验结果进行分析讨论，提出自己的见解。定量实验应分析引起误差的原因。

1.2 实验须知

1.2.1 实验室规则

① 进入实验室要保持安静,勿大声喧哗。

② 实验前要清点仪器,如发现缺损,要报告教师,按规定手续补领。

③ 实验过程中要准确操作,认真观察,积极思考,按要求完成各项实验内容,如实记录实验结果。

④ 实验时要爱护财物,小心使用仪器和设备,节约使用药品和水电。如将仪器损坏应立即报告教师,按规定给予适当赔偿。

⑤ 使用公用试剂和药品一般不要从架上取下。若取下,用后应立即放回原处。取用试剂或药品后,应立即将滴管或瓶塞盖回原瓶,避免搞混、沾污试剂或药品。

⑥ 遵守安全守则,注意安全操作。

⑦ 实验完毕,应将用过的玻璃仪器洗涤干净,摆放整齐,清理好实验台面和地面。

⑧ 离开实验室前,必须检查电源、水龙头是否关闭,实验室内的一切物品不得带离实验室。

1.2.2 实验室安全守则

化学实验室中有许多易燃、易爆、具有腐蚀性或毒性的试剂药品,所以进行化学实验时,必须树立安全第一的思想意识,严格遵守安全守则,避免意外事故的发生。

① 加热试管时,不要将试管口指向自己或别人;实验时不要俯视正在加热的液体,以免液体溅出,受到伤害。

② 对于易燃物质应尽可能使其远离火源。

③ 禁止随意混合各种试剂或药品,以免发生意外事故。

④ 嗅闻气体时,应用手轻拂气体,扇向自己再嗅。

⑤ 酒精灯应随用随点,不用时盖上灯罩。不要用已点燃的酒精灯去点燃别的酒精灯,以免酒精流出而失火。

⑥ 浓酸、浓碱具有强腐蚀性,切勿溅在衣服或皮肤上,尤其注意保护眼睛。稀释浓硫酸时,应将浓硫酸慢慢倒入水中,不能将水向浓硫酸里倒,以免迸溅。

⑦ 能产生有刺激性或有毒气体的实验,应在通风橱内进行。

⑧ 有毒药品(重铬酸钾、钡盐、砷的化合物、汞的化合物等,特别是氰化

物）不得进入口内或接触伤口。

⑨ 不要在实验室吃任何东西，以免将有毒成分带入口中。

实验过程中，使用和生成有毒和污染环境的药品，都应当回收或经适当处理后再排放到下水管道。

1.2.3 意外事故处理

若遇意外事故，应注意以下几点：

① 若因酒精、苯或乙醚等引起着火，应立即用湿布或沙土（实验室内备有灭火沙箱）等扑灭。若遇电器设备着火，必须先切断电源，再用二氧化碳或四氯化碳灭火器灭火。

② 遇有烫伤事故，可用高锰酸钾苦味酸溶液揩洗伤处，再搽上凡士林或烫伤油膏。

③ 若眼睛或皮肤溅上强酸或强碱，应立即用大量水冲洗（若是浓硫酸，则应先用干布擦去，然后用大量水冲洗），然后相应地用碳酸氢钠溶液或硼酸溶液冲洗（若溅在皮肤上，最后还可涂些凡士林）。

④ 若吸入氯、氯化氢气体，应立即吸入少量酒精或乙醚的混合蒸气以解毒；若吸入硫化氢气体而感到不适或头晕时，应立即到室外呼吸新鲜空气。

⑤ 实验人员被玻璃割伤时，伤口内若有玻璃碎片，须先挑出，然后抹上红药水并包扎。

⑥ 若有触电事故，首先应切断电源，必要时应对触电者进行人工呼吸。

⑦ 对伤势较重者，应立即送往医院。

1.3 实验常用仪器

1.3.1 分析天平

分析天平（analytical balance）是称量范围与读数能力适合于多种分析用天平的总称。分析天平的种类较多，有：机械式、电子式、手动式、半自动式、全自动式等。现代实验室多用电子式分析天平。

电子分析天平的使用方法如下：

① 检查并调整天平至水平位置。

② 事先检查电源电压是否匹配（必要时配置稳压器），按仪器要求通电预热至所需时间。

③ 预热足够时间后打开天平开关，天平则自动进行灵敏度及零点调节。待稳定标志显示后，可进行正式称量。

④ 称量时将洁净称量瓶或称量纸置于秤盘上，关上侧门，轻按一下去皮键，天平将自动校对零点，然后逐渐加入待称物质，直到所需重量为止。

⑤ 被称物质的重量是显示屏左下角出现"→"标志时，显示屏所显示的实际数值。

⑥ 称量结束应及时除去称量瓶（纸），关上侧门，切断电源，并做好使用情况登记。

1.3.2　pH 计

pH 计（酸度计 pH meter）是测量溶液 pH 值的仪器。以 pH 玻璃电极为测量电极。pHS-3C 型 pH 计的使用方法如下。

它由主机、复合电极组成，主机上有四个旋钮，分别是：选择、温度、斜率和定位旋钮。安装好仪器、电极，打开仪器后部的电源开关，预热半小时。在测量之前，首先对 pH 计进行校准。采用两点定位校准法，具体的步骤如下：

① 调节选择旋钮至 pH 挡，按 pH/mV，进入 pH 测量状态（pH 指示灯亮）。

② 用温度计测量被测溶液的温度，读数，例如 25℃。按"温度"键设定溶液温度（温度指示灯亮），调节温度旋钮至测量值 25℃。按"确认"键回到 pH 测量状态。

③ 调节斜率旋钮至最大值。

④ 打开电极套管，用蒸馏水洗涤电极头部，用吸水纸仔细将电极头部吸干，将复合电极放入混合磷酸盐的标准缓冲溶液，使溶液淹

没电极头部的玻璃球，轻轻摇匀，待读数稳定后，调定位旋钮，使显示值为该溶液 25℃时的标准 pH 值 6.86。

⑤ 将电极取出，洗净、吸干，放入邻苯二甲酸氢钾标准缓冲溶液中，摇匀，待读数稳定后，调节斜率旋钮，使显示值为该溶液 25℃时的标准 pH 值 4.00。

⑥ 取出电极，洗净、吸干，再次放入混合磷酸盐的标准缓冲溶液，摇匀，待读数稳定后，调定位旋钮，使显示值为 25℃时的标准 pH 值 6.86。

⑦ 取出电极，洗净、吸干，放入邻苯二甲酸氢钾的缓冲溶液中，摇匀，待读数稳定后，再调节斜率旋钮，使显示值为 25℃时的标准 pH 值 4.00。

⑧ 取出电极，洗净、吸干。重复校正，直到两标准溶液的测量值与标准 pH

值基本相符为止。

⑨ 校正过程结束后，进入测量状态。将复合电极放入盛有待测溶液的烧杯中，轻轻摇匀，待读数稳定后，记录读数。

⑩ 完成测试后，移走溶液，用蒸馏水认真冲洗电极，吸干，套上套管，关闭电源，结束实验。

pH 计标定错误后补救措施如下：

▲ 如果标定过程中操作失败或按键错误而使仪器测量不正常，可关闭电源，然后按住"确认"键再开启电源，使仪器恢复初始状态。然后重新标定。

▲ 标定后，"定位"键及"斜率"键不能再按，如果触动此键，此时仪器 pH 指示灯闪烁，请不要按"确认"键，而是按"pH/mV"键，使仪器重新进入 pH 测量即可，而无需再进行标定。

▲ 标定的缓冲溶液一般第一次用 pH＝6.86，第二次用接近溶液 pH 值的缓冲液，如果被测溶液为酸性时，应选 pH＝4.00 的缓冲液；如被测溶液为碱性，则选 pH＝9.18 的缓冲液。

1.3.3 电导率仪

电导率仪（conductivity meter）是精密测量各种液体介质电导率值的仪器设备，当配以相应常数的电极时可以精确测量高纯水电导率，广泛应用于各领域的科研和生产。

电导率代表溶液传导电流的能力。水的电导率与其所含无机酸、碱、盐的量有一定的关系，当它们的浓度较低时，电导率随着浓度的增大而增加，因此，该指标常用于推测水中离子的总浓度或含盐量。

电导（G）是电阻（R）的倒数，其单位是西门子（S）。因此当两个电极（通常为铂电极或铂黑电极）插入溶液中，可以测出两电极间的电阻 R。根据欧姆定律，温度一定时，这个电阻值与电极间距 L（m）成正比，与电极的截面积 A（m^2）成反比，即：

$$R=\rho(L/A)$$

其中，ρ 为电阻率，是长 1m、截面积为 1m^2 导体的电阻，其大小取决于物质的本性，单位为 $\Omega \cdot m$。

据上式，导体的电导（G）可表示成下式：

$$G=\frac{1}{R}=\frac{1}{\rho}\times\frac{A}{L}=\kappa\times\frac{1}{J}$$

式中，$\kappa=1/\rho$ 称为电导率；$J=L/A$ 称为电极常数。

电解质溶液电导率指相距 1m 的两平行电极间充以 1m^3 溶液时所具有的电

导，单位是 S/m。由上式可见，已知电极常数（J），测出溶液电阻（R）或电导（G）时，即可求出电导率。

电极常数常选用已知电导率的标准氯化钾溶液测定。不同浓度氯化钾溶液的电导率（25℃）在相关书籍或手册中可查。

不同类型的水有不同的电导率。新鲜蒸馏水的电导率为 $0.2\sim2\mu S/cm$，但放置一段时间后，因吸收了 CO_2，增加到 $2\sim4\mu S/cm$；超纯水的电导率小于 $0.10\mu S/cm$；天然水的电导率多在 $50\sim500\mu S/cm$，矿化水可达 $500\sim1000\mu S/cm$；含酸、碱、盐的工业废水电导率往往超过 $10000\mu S/cm$；海水的电导率约为 $30000\mu S/cm$。

下面以 DDS-12A 型数字电导率仪为例说明电导率仪的使用方法。

常用电导电极规格常数（J_0）有四种：0.01、0.1、1 和 10。其实际电导池常数（$J_实$）允许误差≤±20%。四种规格的电导电极，其适用电导率测量范围参见说明书。仪器设有四挡量程。选用不同规格常数电极时，其量程显示范围见说明书。

（1）基本法（不采用温度补偿）

① 常数校正 同一规格常数的电极，其实际电导池常数的存在范围 $J_实 = (0.8\sim1.2)J_0$。为了消除这实际存在的偏差，仪器设有常数校正功能。

操作：打开电源开关，适时等温，温度补偿旋钮置 25℃刻度值。将仪器测量开关置"校正"挡，调节常数校正旋钮，使仪器显示电导池实际常数（系数）值。即当 $J_实 = J_0$ 时，仪器显示 1.000，$J_实 = 0.95J_0$ 时，仪器显示 0.950，$J_实 = 1.05J_0$ 时，仪器显示 1.050。

电极是否接上，仪器量程开关在何位置，不影响常数校正。新电极出厂时，其 $J_实$ 一般标在电极相应位置上。

② 测量 选择合适规格常数电极，根据电极实际电导池常数，仪器进行常数校正。经校正后，仪器可直接测量液体电导率。

将测量开关置"测量"挡，选用适当的量程挡，将清洁的电极插入被测液中，仪器显示该被测液在溶液温度下的电导率。

（2）温度补偿法

① 常数校正 调节温度补偿旋钮，使其指示的温度值与溶液温度相同，将仪器开关置"校正"挡，调节常数校正旋钮，使仪器显示电导池实际常数值，其要求和方法同基本法一样。

② 测量 操作方法同基本法一样，这时仪器显示该被测液的电导率为该液体在标准温度（25℃）下的电导率。

说明：一般情况下，所指液体电导率是指该液体介质标准温度（25℃）时的电导率。当介质温度不在 25℃时，其液体电导率会有一个变量。为等效消除这个变量，仪器设置了温度补偿功能。仪器不采用温度补偿时，测得液体电导率已换算为该液体在 25℃时的电导率值。

仪器温度补偿系数为每摄氏度 2%，所以作高精密度测量时，请尽量不采用温度补偿。而采用测量后查表或将被测液等温在 25℃时测量，来求得液体介质 25℃时的电导率。

1.3.4 分光光度计

分光光度计（spectrophotometer）是带有可调节选择入射光波长单色光器的光度计，可以分析溶液的吸收光谱（对不同波长入射光的吸收情况）而进行定性分析，也可以固定入射光波长去测量吸光度对物质进行定量分析。依使用的波长不同，有可见、紫外、红外分光光度计等。

分光光度计采用一个可以产生多个波长的光源，通过系列分光装置，从而产生特定波长的光。光源透过测试的样品后，部分光被吸收，计算样品的吸光值，从而转化成样品的浓度。样品的吸光值与样品的浓度成正比。

$$A = -\lg(I/I_0) = klc$$

式中，A 为吸光度；I_0 为入射的单色光强度；I 为透射的单色光强度；k 为吸收系数；l 为被分析物质的光程；c 为物质的浓度。

（1）使用方法

① 接通电源，打开仪器开关，掀开样品室暗箱盖，预热 10min。

② 将灵敏度开关调至"1"挡（若零点调节器调不到"0"时，需选用较高挡）。

③ 根据所需波长转动波长选择钮。

④ 将空白液及测定液分别倒入比色皿 3/4 处，用擦镜纸擦清外壁，放入样品室内，使空白管对准光路。

⑤ 在暗箱盖开启状态下调节零点调节器，使读数盘指针指向 $t=0$ 处。

⑥ 盖上暗箱盖，调节"100"调节器，使空白管的 $t=100$，指针稳定后逐步拉出样品滑杆，分别读出测定管的光密度值，并记录。

⑦ 比色完毕，关上电源，取出比色皿洗净，样品室用软布或软纸擦净。

（2）注意事项

① 该仪器应放在干燥的房间内，使用时放置在坚固平稳的工作台上，室内照明不宜太强。天热时不能用电扇直接向仪器吹风，防止灯泡灯丝发光不稳定。

② 使用本仪器前，使用者应该首先了解本仪器的结构和工作原理，以及

各个操纵旋钮的功能。在未接通电源之前，应该对仪器的安全性能进行检查，电源接线应牢固，通电也要良好，各个调节旋钮的起始位置应正确，然后再接通电源开关。

③ 在仪器尚未接通电源时，电表指针必须于"0"刻线上，若不是这种情况，则可以用电表上的校正螺丝进行调节。

1.4　实验中常用玻璃器皿

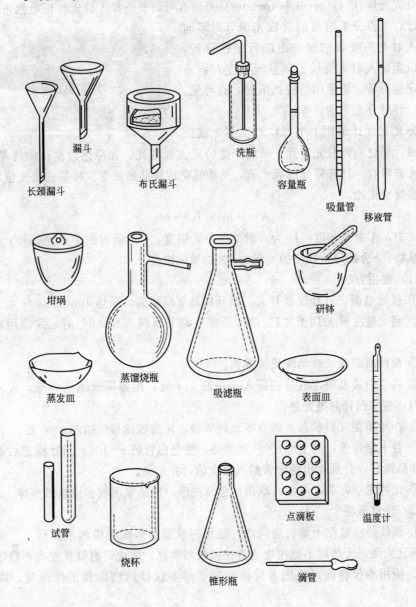

长颈漏斗　　漏斗　　布氏漏斗　　洗瓶　　容量瓶　　吸量管　　移液管

坩埚　　蒸馏烧瓶　　吸滤瓶　　研钵

蒸发皿　　表面皿

试管　　烧杯　　锥形瓶　　点滴板　　温度计　　滴管

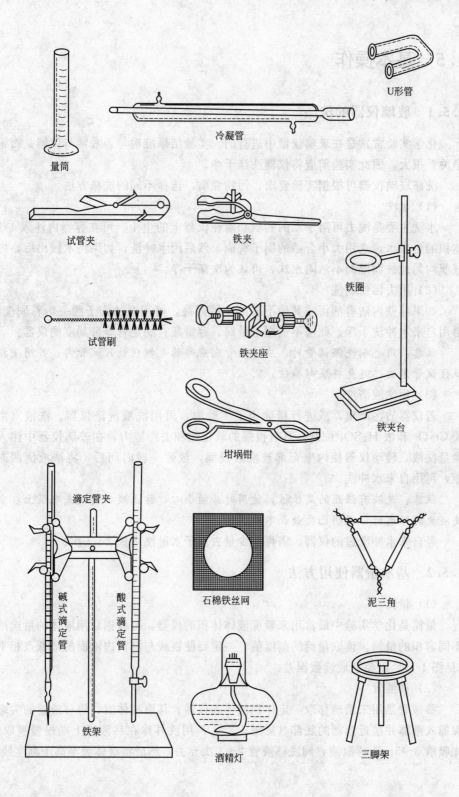

U形管

冷凝管

量筒

试管夹

铁夹

铁圈

试管刷

铁夹座

铁夹台

坩埚钳

滴定管夹

碱式滴定管　　酸式滴定管

石棉铁丝网

泥三角

铁架

酒精灯

三脚架

1.5 基本操作

1.5.1 玻璃仪器的洗涤

化学实验常常是在玻璃仪器中进行的。实验结果准确与否常常与仪器是否干净关系很大，因此实验前应将仪器洗涤干净。

洗涤玻璃仪器可根据实验要求、污物性质，选择不同的洗涤方法。

（1）水洗

水洗主要是洗去可溶于水的物质和附在仪器上的尘土。可在容器内注入 1/3 体积的自来水，选用大小合适的刷子洗刷，然后用水冲洗，如果将水倾出后，内壁能均匀地被润湿而不沾附水珠，可认为洗涤干净。

（2）用去污粉刷洗

如果器壁内沾有油污或其他不易冲洗的污迹，可用湿的刷子蘸去污粉刷洗，再用自来水冲洗干净。此法不适用于量筒、容量瓶、滴定管等带刻度的仪器。

注意：用毛刷洗涤试管时，应将试管刷前部的毛捏住放入试管内，并用手指抵住试管末端，避免将底部戳破。

（3）用洗液清洗

若仪器沾污严重，或进行精确定量实验时，可用洗液洗涤仪器。洗液（由 $K_2Cr_2O_7$ 和浓 H_2SO_4 配制）具有很强的氧化性和去污能力。在玻璃仪器中注入少量洗液，转动仪器使内壁全部被洗液浸润，放置一段时间后，将洗液倒回原瓶，再用自来水冲洗。

注意：洗液有强烈的腐蚀性，使用时必须小心，防止溅在皮肤或衣服上。当洗液变为绿色时，说明已失效，不能再用。

经自来水冲洗过的仪器，需再用少量去离子水淋洗内壁 2～3 次。

1.5.2 基本量器使用方法

（1）量筒

量筒是化学实验中最常用来量度液体体积的仪器。可根据取用液体的量选用不同容积的量筒。读取量筒的刻度值，一定要使视线与量筒内液面的最低点相平（见图 1-1），以免造成读数误差。

（2）移液管

移液管是用来精确移取一定体积液体的仪器。移取液体时，将移液管的尖端深插入液体并接近容器的底部（见图 1-2），再用洗耳球在移液管上端慢慢吸取。先吸取 3～5cm³ 移取液，润洗移液管 2～3 次弃去，然后将液体吸至高于刻度线

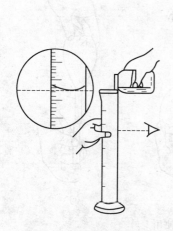

图 1-1　用量筒量取液体

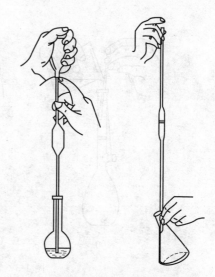

图 1-2　移液管的使用

处，迅速用食指堵住管的上口。将移液管垂直提高，离开液面，微动食指，使管内液体的弯月面下降至刻度线处，用食指压紧管口，将移液管伸入盛液体的接收容器（锥形瓶、烧杯等），移液管的尖口靠紧接收器的内壁，注意保持移液管垂直（见图1-2）。松开食指，使液体自然流出。待液体不再流出时，稍停片刻（约 7s），再将移液管取出。此时移液管尖端尚存留少量液体，不可吹入接收器内，因移液管的容量只计算自由流出的液体体积。

带有刻度的移液管叫吸量管，使用方法与移液管相同。

（3）容量瓶

容量瓶是用来精确配制一定浓度和一定体积溶液的量器。

用固体配制溶液时，应在烧杯中用少量去离子水将固体溶解，然后将溶液沿玻璃棒小心注入容量瓶中，如图 1-3（a）所示。用少量去离子水淋洗烧杯 2～3 次，洗后的水均应倒入容量瓶中，最后，往瓶内加去离子水，当液面低于标线约 1cm 时，用滴管滴加去离子水至标线处。塞紧瓶塞，一手拿瓶，另一手食指顶住瓶塞，如图 1-3（b）所示，将瓶倒转 15～20 次，同时加以摇荡，以使瓶内溶液混合均匀，如图 1-3（c）所示。

如果将浓溶液配制成稀溶液，应先在烧杯中加少量去离子水，将一定体积的浓溶液分数次沿玻璃棒慢慢注入水中，搅拌均匀，再转移至容量瓶中，如前所述稀释至刻度处。

（4）滴定管

滴定管是容量分析中用来准确测量管内流出液体体积的一种量具，刻度由上而下增大。常用滴定管体积一般为 $50cm^3$，最小刻度为 $0.1cm^3$，两刻度线之间

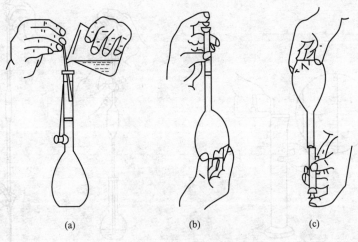

(a)　　　　　　　　　(b)　　　　　　　　　(c)

图 1-3　容量瓶的使用

可以估读出 $0.01cm^3$。

　　一般滴定管分为酸式滴定管和碱式滴定管。酸式滴定管下端连接玻璃旋塞，旋转打开旋塞，可以控制管内液体逐滴流出（见图 1-4）。碱式滴定管下端由橡皮管连接玻璃管嘴，橡皮管内装有一个玻璃球，用大拇指和食指轻轻往一边挤压玻璃球旁侧的橡皮管，使管内形成一条缝隙，液体即从管嘴中滴出（见图 1-5）。酸式滴定管不能用来装置碱性液体，因其会腐蚀磨口的玻璃旋塞。碱式滴定管不能用来装置氧化性溶液（如 $KMnO_4$、I_2 溶液等），以免橡皮管被腐蚀。

图 1-4　酸式滴定管加溶液

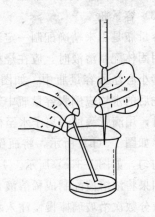

图 1-5　碱式滴定管加溶液

　　酸式滴定管使用前，需检查其玻璃旋塞是否漏水，如有漏水或旋塞旋转不灵活，应把活塞取下，将活塞及活塞筒洗净后用滤纸碎片将水吸干，然后在活塞两端（避开中间小孔）涂上一层很薄的凡士林，再将活塞小心塞好，旋转几下，使凡士林涂布均匀，最后再检查一下是否漏水。

滴定开始前，依次用洗液、自来水、去离子水洗净，然后用少量滴定溶液（5～10cm³）润洗2～3次，以保证滴定溶液的浓度准确。洗涤时，双手端平滴定管，水平转动，让管内溶液全部浸润滴定管内壁后，将滴定管直立，打开阀门，把溶液从下端放出。

把滴定溶液装入滴定管中，达到0.00刻度以上，旋转旋塞或挤压玻璃球，把管内液面调节到0.00刻度或略低，此时必须注意滴定管下端不能有气泡，否则会引起大的读数误差。除气泡方法如下：对于酸式滴定管，可迅速打开滴定管阀门，利用溶液的急流即可把气泡赶出；对于碱式滴定管，也可把橡皮管稍折向上，然后挤压玻璃球旁橡皮管，气泡即被冲出的溶液赶出（见图1-6）。

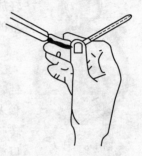

图1-6 逐出气泡

滴定时滴定管应保持垂直，滴定前后均需记录读数，终读数与初读数之差就是溶液的用量。操作时，一般用左手控制滴定管阀门，右手持锥形瓶，边滴边旋转摇动锥形瓶（见图1-4），使溶液混合均匀。在接近滴定终点时，控制溶液一滴一滴加入，防止滴过量，并用洗瓶挤少量水淋洗瓶内壁，冲下残留液滴。

滴定前后读数时，对于无色或浅色溶液，视线应与管内溶液弯月面最低点相平；对于深色溶液，则应观察液面最上缘（见图1-7）读出相应的刻度值。读数必须准确到0.01cm³。为减小测量误差，每次滴定应从0.00开始或从接近零的任一刻度开始，即每次都用滴定管的同一段体积。

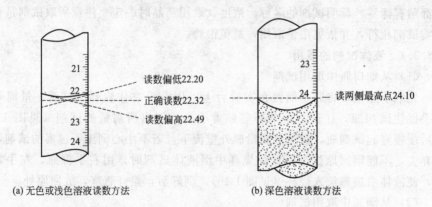

(a) 无色或浅色溶液读数方法   (b) 深色溶液读数方法

图1-7 滴定管读数方法

（5）温度计

实验室用的温度计大多为水银温度计和酒精温度计，常用的有以下规格：100℃、150℃、250℃等，可测准至0.1℃。刻度为1/10℃的温度计比较精密，可测准至 0.01℃。

使用时，首先要注意温度计的测量范围，从而选择量程适宜的温度计。

测量温度时，温度计应放在适中位置，不要使水银球触及容器底部或器壁，并应使水银球完全浸没在被测液体中。

温度计不能做搅拌棒使用，以免将水银球碰破。刚刚量过高温的温度计不能立即用冷水冲洗，以免水银球炸裂。使用温度计时，要轻拿轻放，不要甩动，以免打碎。若不小心打碎，应立即回收散落的水银珠，若不能回收，要立即用硫黄粉覆盖住。

图 1-8　秒表

（6）秒表

实验室常用的秒表有两个针，长针为秒针，短针为分针，表盘上相应地也有两圈刻度，分别为秒和分的刻度值。秒表一般有两种，一种为秒针转一圈为 30s，另一种为秒针转一圈为 60s，使用时应注意区别。表的上端有一柄头，用以旋紧发条、控制表的启动和停止。使用时，用手控表，拇指或食指按柄头。按动一下柄头即启动开始计时，再按柄头，指针停止走动，可以读数。第三次按动柄头，指针复位回零。

秒表使用前应注意指针是否回零。使用时应轻拿轻放，切勿磕碰，以免震坏。不要和有腐蚀性或磁性物质放在一起。放在干燥处。秒表见图 1-8。

1.5.3　试剂药品的取用方法

通常，固体试剂装在广口瓶内，液体试剂则盛在细口瓶或滴瓶中。所有试剂瓶都贴有标签，标明试剂的名称、浓度。取用药品时一定要注意所取试剂是否与所需试剂相符，并依据用量取用，避免浪费。

1.5.3.1　液体试剂的取用

（1）从细口瓶中取用试剂

先取下瓶塞，将瓶塞倒置在实验台上。用左手拿住容器（试管、量筒等），右手握住试剂瓶，让试剂瓶的标签贴着手心，倒出所需量的试剂（见图 1-9），然后缓慢竖起试剂瓶，避免液滴沿瓶外壁流下，若不小心倒出了过多的试剂，只能弃去，不能倒回原试剂瓶。往烧杯中倒液体试剂时，用右手握瓶，左手拿玻棒，使液体沿玻棒流入烧杯（见图 1-10）。倒好后，盖好瓶塞，放回原处。

（2）从滴瓶中取用试剂

取试剂必须用滴瓶中的滴管，不允许用别的滴管。往试管中滴加试剂时，应用左手垂直拿住试管，右手持滴管橡皮头，将滴管下口放在试管口上方（见图 1-11），然后捏挤滴管橡皮头，滴加试剂。禁止将滴管伸入试管内，以免污染滴管和试剂。滴加完毕，应立即将滴管插回原滴瓶内。

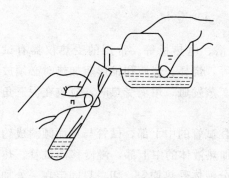

图 1-9 往试管中倒液体试剂

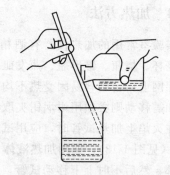

图 1-10 往烧杯中倒液体试剂

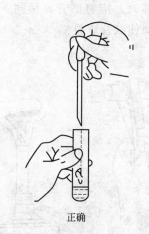

正确

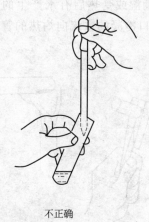

不正确

图 1-11 往试管中滴加液体

1.5.3.2 固体试剂的取用

取用固体药品需用清洁、干燥的药匙。药匙两端为大小两个匙。取大量固体时用大匙，取少量固体时用小匙。用过的药匙必须擦干净，以备取用其他药品。

如果容器的口径足够大，可用药匙将固体药品直接送入容器中。往湿的或口径很小的试管中放入固体药品时，为避免药品沾在管壁上，可将取出的药品放在一张对折的纸条上，水平送入试管底部，然后直立试管，轻轻抽出纸条，使纸上药品全都落入管底（见图 1-12）。

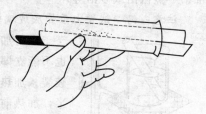

图 1-12 往试管中加入固体

注意：取药不要超过指定的用量，多取的药品不能倒回原瓶，应放入回收瓶。

1.5.4 加热方法

实验室常用的加热仪器有酒精灯、水浴、电热板等。常用的受热仪器有试管、烧杯、烧瓶、锥形瓶、蒸发皿、坩埚等。烧杯、烧瓶和锥形瓶加热时必须放在石棉网上，否则容易因受热不均而破裂。蒸发皿、坩埚受热时，应放在泥三角上，如需移动则必须用坩埚钳夹取。

在火焰上加热试管时，应用试管夹夹住试管的中上部，试管与桌面倾斜成约60°角（见图1-13），如图加热液体，应先加热液体的中上部，慢慢移动试管，热及下部，然后不时上下移动试管，使各部分液体受热均匀。切忌只固定在一处加热，以免管内液体因受热不均匀而骤然喷溅。

如果加热潮湿或受热后有水产生的固体时，应将试管口稍向下倾斜（见图1-14），以免管口冷凝的水流向灼热的管底而使试管炸裂。

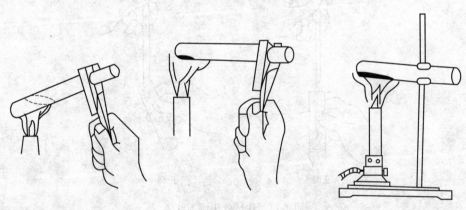

图 1-13　加热试管中液体　　　　　　图 1-14　加热试管中固体

如果要在一定温度范围内进行较长时间加热，则可使用水浴（见图1-15）、油浴、蒸汽浴或砂浴等。

注意：离心试管由于管底玻璃较薄，不宜直接加热，应在水浴中加热。

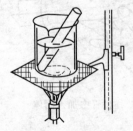

进行加热操作时，受热仪器一般不能骤热，受热后也不能立即与潮湿或过冷的物体接触，以免由于骤冷而破裂。加热液体时，液体体积一般不超过容器容积的一半，加热前须将容器外壁擦干。

1.5.5 蒸发与结晶

图 1-15　水浴加热

蒸发与结晶是无机制备中常用的操作。当溶液很稀而要制备的无机物的溶解度又较大时，为了能从溶液中析出该物质的晶体，就需要对溶液进行蒸发、浓缩，蒸发、浓缩一般在水浴上进行。溶液很稀，物质对热的稳定性又较好时，可直接在电热板上加热蒸发。常用的蒸发容器是蒸发皿，在蒸发皿内所盛放的液体不应超过其容量的 2/3。当水分不断蒸发时，溶液就不断浓缩。蒸发到一定程度后冷却，即可析出晶体。

晶体析出的过程称为结晶。结晶时要求物质溶液的浓度达到饱和。物质在溶液中的饱和程度与物质的溶解度和温度有关。当物质的溶解度随温度变化不大时，要求蒸发至溶液呈稀糊状后冷却结晶；当物质的溶解度随温度变化较大时，则只需蒸发到液面出现晶膜即可冷却结晶。如果希望得到较大颗粒状的晶体，则不宜蒸发至太浓，此时溶液饱和程度低，晶核少，晶体易长大；反之，溶液太浓，则饱和程度高，晶核多，晶体形成速度快，晶粒细小。另外，缓慢冷却或静置，有利于生成大晶体；迅速冷却，有利于生成细小的晶体。大晶体间隙易包裹母液或杂质，纯度不高；但晶体太小时，易形成糊状物，夹带母液多，不易洗净，也影响纯度。因此应控制好溶液浓度及结晶过程，得到大小适中、均匀的晶体颗粒，这样制得的晶体纯度较高。

1.5.6　液体与固体的分离

常用的固、液分离方法有三种。

1.5.6.1　倾析法

沉淀的相对密度较大或晶体颗粒较大，静置后能较快沉降的，常用倾析法。

先将混合物静置，使固体沉降，然后将上层清液沿玻棒缓慢倾入一容器中（见图 1-16）。为了充分洗涤沉淀，可在分离后的沉淀中加入少量去离子水，充分搅拌后静置，待沉淀沉降后倾去洗涤液，如此重复操作 2～3 次，即可将沉淀洗净。

图 1-16　倾析法

图 1-17　滤纸

1.5.6.2　过滤法

过滤法又分常压过滤和减压过滤。

（1）常压过滤

过滤器一般是衬有滤纸的普通玻璃漏斗。

将滤纸对折两次，剪成扇形（大小使滤纸边缘低于漏斗口约 0.5cm），拨开一层使其成圆锥形，在三层的一面撕去后两层的一个小角（见图 1-17），然后将滤纸放入漏斗，适当调整滤纸的锥度，使之与漏斗相配合。用水润湿滤纸，使滤纸与漏斗内壁贴紧，其间不应留有气泡。

将放好滤纸的漏斗放在漏斗架上，调节好漏斗架的高度，使漏斗尖嘴靠在收集滤液的容器内壁上。将待过滤的溶液沿玻棒慢慢倾入漏斗中，注入液面高度应低于滤纸边缘 1cm，如图 1-18 所示。

过滤完毕后，用少量水冲洗盛放沉淀的容器和玻棒，洗涤水也必须全部滤入接收器中。

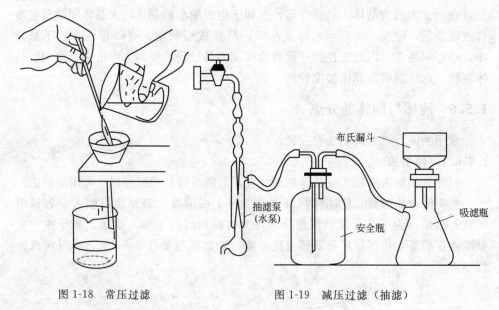

图 1-18　常压过滤　　　　　　　　图 1-19　减压过滤（抽滤）

（2）减压过滤（或抽滤）

减压过滤能加快过滤速度，也可将沉淀物抽吸得比较干燥，但胶体或微细颗粒沉淀不宜用此法。

减压过滤装置如图 1-19 所示，它是由布氏漏斗、吸滤瓶、安全瓶和抽滤泵组成的。其中抽滤泵可以抽走空气，使吸滤瓶中压力减低，从而大大提高过滤速度。为了防止滤液被抽走，漏斗下尖嘴方向应如图 1-19 所示。目前，实验室所用的抽滤泵是一种循环水式多用真空泵（简称水泵）。

在进行过滤前，先将滤纸剪成直径略小于布氏漏斗内径的圆形，平铺在布氏漏斗的瓷板上，再用少量水湿润滤纸，使之贴在瓷板上。

连接好安全瓶出口与真空泵抽气管接口，接通电源，开始减压抽滤。

抽滤完毕，必须先打开吸滤瓶与安全瓶相连的橡皮管，再关掉水泵（或电源），以防循环水倒灌。

1.5.6.3　离心分离法

当被分离的沉淀量很少时，常用离心分离法。

将需分离的沉淀和溶液装在离心试管中，然后放在离心机（见图1-20）内高速旋转，沉淀受离心力作用而沉入试管底部，上层为清液。离心沉淀后，用滴管轻轻吸出上层清液，使之与沉淀分离。吸液时，一定先捏紧滴管头，排除其中空气，然后伸入试管中，尖端不要接触沉淀，慢慢放松吸出溶液（见图1-21）。

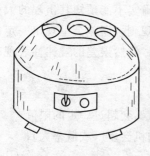

图1-20　离心机

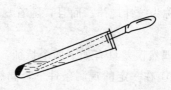

图1-21　用吸管吸取清液

注意：离心试管应放在离心机内对称位置上，分布均匀，使离心机高速旋转时保持平衡。若只有一个试样要分离，也必须在其相对位置上放置一支盛有等量水的离心试管。停机后，应让离心机自然停止，切勿强制使其停止转动，以免损坏离心机。

1.6　数据测定的准确性和有效数值

1.6.1　测量误差

每一个物理量都是客观存在的，在一定的条件下具有不依人的意志为转移的客观大小，人们将它称为该物理量的真实值（真值）。

（1）系统误差

在相同的观测条件下，对某物理量进行了n次观测，如果误差出现的大小和符号均相同或按一定的规律变化，这种误差称为系统误差。系统误差一般具有累积性。

系统误差产生的主要原因之一是由于仪器设备制造不完善。例如，用一把名义长度为50m的钢尺去量距，经检定钢尺的实际长度为50.005m，则每次测量，就带有 $+0.005m$ 的误差（"$+$"表示在所量距离值中应加上），丈量的尺段越多，所产生的误差越大。所以这种误差与所丈量的距离成正比（累积性）。

系统误差具有明显的规律性和累积性，对测量结果的影响很大。但是由于系统误差的大小和符号有一定的规律，所以可以采取措施加以消除或减小。

(2) 偶然误差

在相同的测量条件下，对某物理量进行了 n 次测量，如果误差出现的大小和符号均不一定，则这种误差称为偶然误差，又称为随机误差。例如，用经纬仪测角时的照准误差，钢尺量距时的读数误差等，都属于偶然误差。

偶然误差，就其个别值而言，在观测前我们确实不能预知其出现的大小和符号。但若在一定的观测条件下，对某量进行多次观测，误差会呈现出一定的规律性，称为统计规律。而且，随着观测次数的增加，偶然误差的规律性表现得更加明显。

偶然误差具有如下四个特征：

① 在一定的观测条件下，偶然误差的绝对值不会超过一定的限值；

② 绝对值小的误差比绝对值大的误差出现的机会多（或概率大）；

③ 绝对值相等的正、负误差出现的机会相等；

④ 在相同条件下，同一量的等精度观测，其偶然误差的算术平均值，随着观测次数的无限增大而趋于零。

随机误差是无数未知因素对测量产生影响的结果，具有正态分布特征，因此，多次测量取平均值可以减小偶然误差。

1.6.2　准确度和精确度

准确度（accuracy）是指测定结果与真实值之间的接近程度。精确度（precision）是指重复多次测定所得到的结果之间彼此接近的程度（重现性）。

测量的准确度高，是指系统误差较小，这时测量数据的平均值偏离真值较小，但数据分散的情况，即偶然误差的大小不明确。

测量精确度（也常简称精度）高，是指偶然误差比较小，这时测量数据比较集中，测量重现性好。精确度高，不一定准确度高。也就是说，测得值的随机误差小，不一定其系统误差亦小。

虽然精确度高可确保准确度高，但精确的结果也可能是不准确的。例如，使用 $1mg/L$ 的标准溶液进行测定时得到的结果是 $1mg/L$，则该结果是相当准确的。如果测得的三个结果分别为 $1.73mg/L$，$1.74mg/L$ 和 $1.75mg/L$，虽然它们的精确度高，但却是不准确的。反之，准确度高，不一定精确度高。也就是说，测得值的系统误差小，不一定其随机误差亦小。

1.6.3　测量的有效数值

（1）有效数字的概念

在实验中，为了得到准确的结果，不仅要准确地选用实验仪器测定各种量的数值，还要正确地记录和运算。实验所获得的数值，不仅表示某个量的大小，还应反映测量这个量的准确程度。因此，实验中各种量应采用几位数字，运算结果应保留几位数字，是很严格的，不能随意增减和书写。例如：在测量液体的体积时，在最小刻度为 $1cm^3$ 的量筒中测得体积为 $20.7cm^3$，其中 20 是由量筒的刻度读出来的，0.7 是估计的，它的有效数字是 3 位。如果该液体用最小刻度 $0.1cm^3$ 的滴定管来测量，测得体积为 $20.75cm^3$，其中 20.7 是直接从滴定管的刻度读出的，而 0.05 是估计的，它的有效数字是 4 位。所以，有效数字是指在科学实验中实际能测量到的数字，在这个数中，除最后一位是"可疑数字"外，其余各位数都是准确的。

有效数字的位数是根据测量仪器和观察的精确程度来决定的，任何超过仪器精确程度的数字都是不正确的。例如：某物质在台秤上称量读数为 4.82，表示准确到 0.1g，所以该物质量的范围为 $(4.8\pm0.1)g$，有效数字是 2 位，不能表示为 4.80g 或 4.8000g，因为台秤只能准确称量到 0.1g，小数点后一位数已经是可疑数，小数点后第二位、第三位数就没有意义了。有效数字的位数还反映了测量的误差。若某铝片在分析天平上称量得 0.6100g，表示铝片的实际质量在 $(0.6100\pm0.0001)g$ 范围内。测量的相对误差为 0.02%。若少表示一位数 0.610g，则表示铝片的质量在 $(0.610\pm0.001)g$ 范围内，其测量相对误差为 0.2%，准确度比前者低一个数量级。这样由于表示不恰当而降低了测量准确度也是不正确的。

有效数字的位数可以通过以下几个数字来说明：

	23.00	23.0	23	0.230	0.023	0.00203	23000
有效数字位数：	4 位	3 位	2 位	3 位	2 位	3 位	不确定

可以看出，"0"如果在数字的前面，只起定位作用，不是有效数字。因为"0"与所取的单位有关。例如 $0.0045\ dm^3$ 和 $4.5cm^3$ 准确度完全相同。"0"如果在数字的中间或末端，则表示一定的数值，应该包括在有效数字的位数中。另外，像 2300 这样的数值，有效数字不好确定，应该根据实际的有效数字位数写成 2.3×10^3，2.30×10^3，2.300×10^3 等。

在 pH、$\lg K$ 等对数值中，其有效数字的位数仅取决于小数部分数字的位数，整数部分决定数字的方次，只起定位作用。

（2）运算中保留有效数字的规则

① 加减法　加减法运算，所得结果的小数点位数，应该与各加减数的小数

点的位数最少的相同。例如 0.126，1.0530 及 25.23 三个数相加：

	0.126		0.13
	1.0530		1.05
	+ 25.23		+ 25.23
方法一：	26.4090	方法二：	26.41

在上述三个数中，小数点后的位数最少的是 25.23，小数点后有 2 位数，它表示 25.23 的 3 是可疑数，该数有 0.01 的误差。因此，三数之和的结果最多保留小数点后第二位。第一种加法保留小数点后第三和第四位是没有意义的。正确的加法如第二种所示，以小数点后第二位为界，其他数据中处于小数点第二位以后的数字按四舍五入的原则取舍。

② 乘除法　乘除法运算，所得结果的有效数字位数应与各数值中有效数字位数最少的位数相同，而与小数点后的位数或者小数点的位置无关。例如：

$$0.126 \times 1.0530 \times 25.23 = ?$$

上述三个数中，第一个数是 3 位有效数字，它的有效数字位数最少，所以以此数为标准确定其他各数的位数，然后进行运算。

$$0.126 \times 1.05 \times 25.2 = 3.33396 \approx 3.33$$

计算结果应为 3.33，若为 3.33396 是不合理的。

③ 对数中的有效数字　对数中的有效数字的位数应与真数的有效数字的位数相同。例如，溶液中氢离子浓度 $c(H^+) = 1.8 \times 10^{-5}$ mol/L，其 pH 值为

$$pH = -\lg c(H^+)/c^{\ominus} = -\lg 1.8 \times 10^{-5} = 5 - 0.26 = 4.74$$

这是由于真数 1.8×10^{-5} 的有效数字位数为 2 位，其对数的尾数只能取 2 位有效数字（0.26），其首数 5 来自被认为是足够准确的负指数，所以 pH 值的有效数字实际的位数应是 2 位（4.74），而不是 3 位。

第2部分 实验内容

实验一 化学反应摩尔焓变的测定
——温度计与秒表的使用

【实验目的】

测定过氧化氢稀溶液的分解热,了解测定反应热效应的一般原理和方法。学习温度计、秒表的使用和简单的作图方法。

【实验原理】

过氧化氢浓溶液在温度高于150℃或混入具有催化活性的 Fe^{2+}、Cr^{3+} 等一些多变价的金属离子时,就会发生爆炸性分解:

$$H_2O_2(l) = H_2O(l) + \frac{1}{2}O_2(g)$$

但在常温和无催化活性杂质存在情况下,过氧化氢相当稳定。对于过氧化氢稀溶液来说,升高温度或加入催化剂,均不会引起爆炸性分解。本实验以二氧化锰为催化剂,用保温杯式简易量热计测定其稀溶液的催化分解反应热效应。

保温杯式简易量热计由量热计装置(普通保温杯,分刻度为0.1℃的温度计)及杯内所盛的溶液或溶剂(通常是水溶液或水)组成,如图2-1所示。

在一般的测定实验中,溶液的浓度很稀,因此溶液的比热容(C_{aq})近似地等于溶剂的比热容(C_{solv}),并且溶液的质量 m_{aq} 近似地等于溶剂的质量 m_{solv}。量热计的热容 C 可由下式表示:

$$C = C_{aq} \cdot m_{aq} + C_p$$
$$\approx C_{solv} \cdot m_{solv} + C_p$$

式中,C_p 为量热计装置(包括保温杯,温度计等部件)的比热容。

化学反应产生的热量,使量热计的温度升高。要测量量

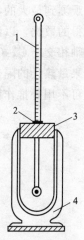

图 2-1 保温杯式
简易量热计装置

1—温度计;

2—橡皮圈;

3—泡沫塑料塞;

4—保温杯

热计吸收的热量必须先测定量热计的热容（C）。本实验采用稀的过氧化氢水溶液，因此

$$C = C_{H_2O} \cdot m_{H_2O} + C_p$$

其中，C_{H_2O} 为水的比热容，等于 $4.184\text{J}/(\text{g} \cdot \text{K})$；$m_{H_2O}$ 为水的质量，在室温附近，水的密度约等于 $1.00\text{kg}/\text{L}$，因此，$m_{H_2O} \approx V_{H_2O}$，其中 V_{H_2O} 表示水的体积。而量热计装置的热容可用下述方法测得。

往盛有质量为 m 的水（温度为 T_1）的量热计装置中，迅速加入相同质量的热水（温度为 T_2），测得混合后的水温为 T_3，则

$$热水失热 = C_{H_2O} \cdot m_{H_2O}(T_2 - T_3)$$
$$冷水得热 = C_{H_2O} \cdot m_{H_2O}(T_3 - T_1)$$
$$量热计装置得热 = (T_3 - T_1)C_p$$

根据热量平衡得到

$$C_{H_2O} \cdot m_{H_2O}(T_2 - T_3) = C_{H_2O} \cdot m_{H_2O}(T_3 - T_1) + C_p(T_3 - T_1)$$

$$C_p = \frac{C_{H_2O} \cdot m_{H_2O}(T_2 + T_1 - 2T_3)}{T_3 - T_1}$$

严格地说，简易量热计并非绝热体系。因此，在测量温度变化时会碰到下述问题，即当冷水温度正在上升时，体系和环境已发生了热量交换，这就使人们不能观测到最大的温度变化。这一误差，可用外推作图法予以消除，即根据实验所测得的数据，以温度对时间作图，在所得各点间作一最佳直线 AB，延长 BA 与纵轴相交于 C，C 点所表示的温度就是体系上升的最高温度（如图 2-2 所示）。如果量热计的隔热性能好，在温度升高到最高点时，数分钟内温度并不下降，那么可不用外推作图法。

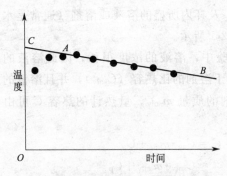

图 2-2　温度-时间曲线

应当指出的是，由于过氧化氢分解时，有氧气放出，所以本实验的反应热 ΔH，不仅包括体系内能的变化，还应包括体系对环境所做的膨胀功，但因后者

所占的比例很小，在近似测量中，通常可忽略不计。

【实验用品】

仪器：温度计两支（0～50℃、分刻度 0.1℃和量程 100℃普通温度计），保温杯、量筒、烧杯、研钵、秒表

固体药品：二氧化锰

液体药品：H_2O_2（0.3%）

材料：泡沫塑料塞、吸水纸

【实验内容】

一、测定量热计装置热容 C_p

按图 2-1 装配好保温杯式简易量热计装置。保温杯盖可用泡沫塑料或软木塞。杯盖上的小孔要比温度计直径稍大一些，为了不使温度计接触杯底，在温度计底端套一橡皮圈。

用量筒量取 50mL 的蒸馏水，把它倒入干净的保温杯中，盖好塞子，用双手握住保温杯进行摇动（注意尽可能不使液体溅到塞子上），几分钟后用精密温度计观测温度，若连续 3min 温度不变，记下温度 T_1。再量取 50mL 蒸馏水，倒入100mL 烧杯中，把此烧杯置于温度高于室温 20℃的热水浴中，放置 10～15min后，用精密温度计准确读出热水温度 T_2（为了节省时间，在其他准备工作之前就把蒸馏水置于热水浴中，用 100℃温度计测量，热水温度绝不能高于 50℃），迅速将此热水倒入保温杯中，盖好塞子，以上述同样的方法摇动保温杯。在倒热水的同时，按动秒表，每 10s 记录一次温度。记录三次后，隔 20s 记录一次，直到体系温度不再变化或等速下降为止。记录混合后的最高温度 T_3，倒尽保温杯中的水，把保温杯洗净并用吸水纸擦干待用。

二、测定过氧化氢稀溶液的分解热

取 100mL 已知准确浓度的过氧化氢溶液，把它倒入保温杯中，塞好塞子，缓缓摇动保温杯，用精密温度计观测温度 3min，当溶液温度不变时，记下温度 T_1。迅速加入 0.5g 研细过的二氧化锰粉末，塞好塞子后，立即摇动保温杯，以使二氧化锰粉末悬浮在过氧化氢溶液中。在加入二氧化锰的同时，按动秒表，每隔 10s 记录一次温度。当温度升高到最高点时，记下此时的温度 T_2，以后每隔20s 记录一次温度。在相当一段时间（例如 3min）内若温度保持不变，T_2 即可视为该反应达到的最高温度，否则就需用外推法求出反应的最高温度。

应当指出的是，由于过氧化氢不稳定，因此其溶液浓度的标定，应在本实验前不久进行。此外，无论在量热计热容的测定中，还是在过氧化氢分解热的测定中，保温杯摇动的节奏要始终保持一致。

三、数据记录和处理

1. 量热计装置热容 C_p 的计算

冷水温度 T_1/K	
热水温度 T_2/K	
冷热水混合后温度 T_3/K	
冷(热)水的质量 m/g	
水的比热容 $C_{\mathrm{H_2O}}/[\mathrm{J}/(\mathrm{g \cdot K})]$	
量热计装置热容 $C_p/(\mathrm{J/K})$	

2. 分解热的计算

$$Q = C_p(T_2' - T_1') + C_{\mathrm{H_2O_2}} \cdot m_{\mathrm{H_2O_2}}(T_2' - T_1')$$

由于 H_2O_2 稀水溶液的密度和比热容近似地与水的相等，因此

$$C_{\mathrm{H_2O_2(aq)}} \approx C_{\mathrm{H_2O}} = 4.184\mathrm{J}/(\mathrm{g \cdot K})$$

$$m_{\mathrm{H_2O_2(aq)}} \approx V_{\mathrm{H_2O_2(aq)}}$$

$$Q = C_p \Delta T + 4.184 \cdot V_{\mathrm{H_2O_2(qq)}} \Delta T$$

$$\Delta H = \frac{-Q}{C_{\mathrm{H_2O_2(aq)}} \cdot V/1000} = \frac{-[C_p + 4.184 V_{\mathrm{H_2O_2(aq)}}]\Delta T \times 1000}{C_{\mathrm{H_2O_2(aq)}} V_{\mathrm{H_2O_2(aq)}}}$$

过氧化氢分解热实验值与理论值的相对误差应该在 $\pm 10\%$ 以内。

反应前温度 T_1'/K	
反应后温度 T_2'/K	
$\Delta T/\mathrm{K}$	
H_2O_2 溶液体积 V/mL	
量热计吸收的总热量 Q/J	
分解热 $\Delta H/(\mathrm{kJ/mol})$	
与理论值比较相对误差/%	

注：过氧化氢稀溶液的分解热 ΔH 理论值 $=98\mathrm{kJ/mol}$。

【实验注意事项】

1. 测定前，应对分刻度为 0.1℃ 的精密温度计进行读数练习，要求在尽量短的时间内准确估读至 0.01℃。

2. 用精密温度计与保温杯安装量热计时，温度计水银球应接近保温杯底，但不能接触保温杯底，从而保证实验中摇动保温杯时，水银球浸没在液体中。

3. 为防止过氧化氢催化分解时二氧化锰沉入杯底，使二氧化锰与过氧化氢

溶液不能充分接触，反应速率慢而造成热量散失，必须对反应液体进行适当的摇动以使二氧化锰悬浮在过氧化氢溶液中。同时，为了防止摇动过猛造成液体外溢，可在实验测定前将 100mL 水倒入保温杯中，不加盖进行摇动试验，观察摇动时水在保温杯中能较好的转动同时又不会外溢，记住该摇动的节奏，在后面实验中保持这种节奏。

4. 为保证二氧化锰悬浮在过氧化氢溶液中，使二者充分接触，以提高反应速率，尽量缩短达到最高温度的时间，以减少热量损失，要取用二氧化锰细粉。

5. 量热计、烧杯、量筒、温度计等在使用前应清洗干净并用滤纸擦干待用。

6. 100mL 过氧化氢溶液加入保温杯后，摇动保温杯并观察温度 3min，当温度不变时，记下读数作为起始温度 T_1。加入二氧化锰时，即按动秒表，按要求测温。

7. 作 t-T 图时，适当选择坐标原点和单位，以提高作图的准确性。

【思考题】

1. 杯盖上的小孔为何要比温度计直径稍大些？这样对实验会产生什么影响？

2. 实验中使用二氧化锰的目的是什么？为何要使二氧化锰粉末悬浮在过氧化氢溶液中？在计算反应所放出的总热量时，是否要考虑加入的二氧化锰的热效应？

实验二 化学反应速率与活化能
——数据表达与处理

【实验目的】

了解浓度、温度和催化剂对反应速率的影响。测定过二硫酸铵与碘化钾的反应速率，并计算反应级数、反应速率常数和反应的活化能。

【实验原理】

在水溶液中过二硫酸铵和碘化钾发生如下反应：

$$(NH_4)_2S_2O_8 + 3KI \rightleftharpoons (NH_4)_2SO_4 + K_2SO_4 + KI_3$$

$$S_2O_8^{2-} + 3I^- \rightleftharpoons 2SO_4^{2-} + I_3^- \tag{1}$$

其反应的微分速率方程可表示为

$$v = kc_{S_2O_8^{2-}}^m \cdot c_{I^-}^n$$

式中，v 是在此条件下反应的瞬时速率；若 $c_{S_2O_8^{2-}}$、c_{I^-} 是起始浓度，则 v 表示初速率（v_0）；k 是反应速率常数；m 与 n 之和是反应级数。

实验能测定的速率是在一段时间间隔（Δt）内反应的平均速率 $\bar{v}$。如果在 Δt 时间内 $S_2O_8^{2-}$ 浓度的改变为 $\Delta c_{S_2O_8^{2-}}$，则平均速率

$$\bar{v} = \frac{-\Delta c_{S_2O_8^{2-}}}{\Delta t}$$

近似地用平均速率代替初速率：

$$v_0 = kc_{S_2O_8^{2-}}^m \cdot c_{I^-}^n = \frac{-\Delta c_{S_2O_8^{2-}}}{\Delta t}$$

为了能够测出反应在 Δt 时间内 $S_2O_8^{2-}$ 浓度的改变值，需要在混合 $(NH_4)_2S_2O_8$ 和 KI 溶液的同时，加入一定体积已知浓度的 $Na_2S_2O_3$ 溶液和淀粉溶液，这样在反应(1)进行的同时还进行下面的反应：

$$2S_2O_3^{2-} + I_3^- \rightleftharpoons S_4O_6^{2-} + 3I^- \tag{2}$$

这个反应进行得非常快，几乎瞬间完成，而反应(1)比反应(2)慢得多。因此，由反应(1)生成的 I_3^- 立即与 $S_2O_3^{2-}$ 反应，生成无色的 $S_4O_6^{2-}$ 和 I^-。所以在反应的开始阶段看不到碘与淀粉反应而显示的特有蓝色。但是一当 $Na_2S_2O_3$ 耗尽，

反应(1) 继续生成的 I_3^- 就与淀粉反应而呈现出特有的蓝色。

由于从反应开始到蓝色出现标志着 $S_2O_3^{2-}$ 全部耗尽，所以从反应开始到出现蓝色这段时间 Δt 里，$S_2O_3^{2-}$ 浓度的改变 $\Delta c_{S_2O_3^{2-}}$ 实际上就是 $Na_2S_2O_3$ 的起始浓度。

再从反应式(1) 和 (2) 可以看出，$S_2O_8^{2-}$ 减少的量为 $S_2O_3^{2-}$ 减少量的一半，所以 $S_2O_8^{2-}$ 在 Δt 时间内减少的量可以从下式求得

$$\Delta c_{S_2O_8^{2-}} = \frac{c_{S_2O_3^{2-}}}{2}$$

实验中，通过改变反应物 $S_2O_8^{2-}$ 和 I^- 的初始浓度，测定消耗等量的 $S_2O_8^{2-}$ 的物质的量浓度 $\Delta c_{S_2O_8^{2-}}$ 所需要的不同的时间间隔（Δt），计算得到反应物不同初始浓度的初速率，进而确定该反应的微分速率方程和反应速率常数。

【实验用品】

仪器：烧杯、大试管、量筒、秒表、温度计

液体药品：$(NH_4)_2S_2O_8$（0.20mol/L）、KI（0.20mol/L）、$Na_2S_2O_3$（0.010mol/L）、KNO_3（0.20mol/L）、$(NH_4)_2SO_4$（0.20mol/L）、$Cu(NO_3)_2$（0.02mol/L）、淀粉溶液（0.2%）

材料：冰

【实验内容】

一、浓度对化学反应速率的影响

在室温条件下进行表 2-1 中编号I的实验。用量筒分别量取 20.0mL 0.20mol/L KI 溶液、80mL 0.010mol/L $Na_2S_2O_3$ 溶液和 2.0mL 0.2%淀粉溶液，全部加入烧杯中，混合均匀。然后用另一量筒取 20.0mL 0.20mol/L $(NH_4)_2S_2O_8$ 溶液，迅速倒入上述混合液中，同时启动秒表，并不断搅动，仔细观察。当溶液刚出现蓝色时，立即按停秒表，记录反应时间和室温。

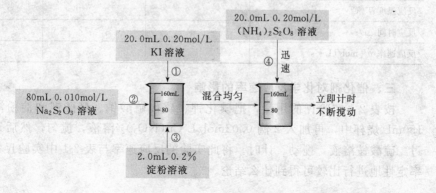

用同样方法按照表 2-1 的用量进行编号 Ⅱ、Ⅲ、Ⅳ、Ⅴ 的实验。

表 2-1　　浓度对反应速率的影响　　　室温＿＿＿＿＿

实 验 编 号		Ⅰ	Ⅱ	Ⅲ	Ⅳ	Ⅴ
试剂用量/mL	0.20mol/L (NH₄)₂S₂O₈	20.0	10.0	5.0	20.0	20.0
	0.20mol/L KI	20.0	20.0	20.0	10.0	5.0
	0.010mol/L Na₂S₂O₃	8.0	8.0	8.0	8.0	8.0
	0.2% 淀粉溶液	2.0	2.0	2.0	2.0	2.0
	0.20mol/L KNO₃	0	0	0	10.0	15.0
	0.20mol/L (NH₄)₂SO₄	0	10.0	15.0	0	0
混合液中反应物的起始浓度/(mol/L)	$(NH_4)_2S_2O_8$					
	KI					
	$Na_2S_2O_3$					
反应时间 $\Delta t/s$						
$S_2O_8^{2-}$ 的浓度变化 $\Delta c_{S_2O_8^{2-}}/(mol/L)$						
反应速率 $v/[mol/(L \cdot s)]$						

二、温度对化学反应速率的影响

按表 2-1 实验 Ⅳ 中的药品用量，将装有碘化钾、硫代硫酸钠、硝酸钾和淀粉混合溶液的烧杯和装有过二硫酸铵溶液的小烧杯，放入冰水浴中冷却，待它们温度冷却到低于室温 10℃ 时，将过二硫酸铵溶液迅速加到碘化钾等混合溶液中，同时计时并不断搅动，当溶液刚出现蓝色时，记录反应时间。此实验编号记为 Ⅵ。

同样方法在热水浴中进行高于室温 10℃ 的实验。此实验编号记为 Ⅶ。

将此两次实验数据 Ⅵ、Ⅶ 和实验 Ⅳ 的数据记入表 2-2 中进行比较。

表 2-2　温度对化学反应速率的影响

实验编号	Ⅵ	Ⅳ	Ⅶ
反应温度 $T/℃$			
反应时间 $\Delta t/s$			
反应速率 $v/[mol/(L \cdot s)]$			

三、催化剂对化学反应速率的影响

按表 2-1 实验 Ⅳ 的用量，把碘化钾、硫代硫酸钠、硝酸钾和淀粉溶液加到 150mL 烧杯中，再加入 2 滴 0.02mol/L Cu(NO₃)₂ 溶液，搅匀，然后迅速加入过二硫酸铵溶液，搅动、计时。将此实验的反应速率与表 2-1 中实验 Ⅳ 的反应速率定性地进行比较可得到什么结论。

四、数据处理

1. 反应级数和反应速率常数的计算

将反应速率表示式 $v=kc_{S_2O_8^{2-}}^m c_{I^-}^n$ 两边取对数：

$$lgv=mlgc_{S_2O_8^{2-}}+nlgc_{I^-}+lgk$$

当 c_{I^-} 不变时（即实验 I、II、III），以 lgv 对 $lgc_{S_2O_8^{2-}}$ 作图，可得一直线，斜率即为 m。同理，当 $c_{S_2O_8^{2-}}$ 不变时（即实验 I、IV、V），以 lgv 对 lgc_{I^-} 作图，可求得 n，此反应的级数则为 $m+n$。

将求得的 m 和 n 代入 $v=kc_{S_2O_8^{2-}}^m c_{I^-}^n$ 即可求得反应速率常数 k。将数据填入下表。

实验编号	I	II	III	IV	V
lgv					
$lgc_{S_2O_8^{2-}}$					
lgc_{I^-}					
m					
n					
反应速率常数 $k/[L/(s\cdot mol)]$					

2. 反应活化能的计算

反应速率常数 k 与反应温度 T 一般有以下关系：

$$lgk=A-\frac{E_a}{2.30RT}$$

式中，E_a 为反应的活化能；R 为摩尔气体常数；T 为热力学温度。测出不同温度时的 k 值，以 lgk 对 $\frac{1}{T}$ 作图，可得一直线，由直线斜率 $\left(\text{等于}-\frac{E_a}{2.30R}\right)$ 可求得反应的活化能 E_a。将数据填入下表。

实验编号	VI	VII	IV
反应速率常数 $k/[L/(s\cdot mol)]$			
lgk			
$\frac{1}{T}/K^{-1}$			
反应活化能 $E_a/(kJ/mol)$			

本实验活化能测定值的误差不超过 10%（文献值：51.8kJ/mol）。

【实验注意事项】

1. 本实验为两人一组进行实验，两人要分工明确，密切配合。对溶液的量取、混合、搅拌、观察现象、计时都要仔细。

2. 取用 KI、$Na_2S_2O_3$、淀粉溶液、KNO_3、$(NH_4)_2SO_4$ 溶液的量筒与取用 $(NH_4)_2S_2O_8$ 的量筒一定要分开，以避免溶液在混合前就已发生反应。

3. 搅拌用玻棒在每次测定前应清洗干净，并用滤纸擦干备用。

4. 反应后溶液刚出现蓝色时，应立即停表。对于第Ⅲ组和第Ⅴ组实验，因 $S_2O_8^{2-}$ 或 I^- 浓度小，刚出现蓝色时颜色很浅，更应仔细观察。

5. 进行温度对反应速率的影响实验时，若用一支温度计进行测温，在测定 KI、$Na_2S_2O_3$、淀粉溶液、KNO_3 等混合溶液后，温度计必须清洗干净，用滤纸擦干后，才能测定装 $(NH_4)_2S_2O_8$ 溶液的小烧杯的温度。

6. 将 KI、$Na_2S_2O_3$、淀粉等混合溶液中加入 $(NH_4)_2S_2O_8$ 时，应迅速全部加入。

7. 本实验中，反应的溶液因 $S_2O_3^{2-}$ 消耗完毕立即变蓝，而实验所用 $S_2O_3^{2-}$ 的量又特别小，因此取用 $Na_2S_2O_3$ 溶液时一定要特别准确，最好用吸量管进行取液。

8. 取用 KI 溶液时，应观察溶液为无色透明溶液。若溶液出现浅黄色，则有 I_2 析出，该溶液不能使用。

【思考题】

1. 反应液中为什么加入 KNO_3、$(NH_4)_2SO_4$？

2. 取 $(NH_4)_2S_2O_8$ 试剂量筒没有专用，对实验有何影响？

3. $(NH_4)_2S_2O_8$ 缓慢加入 KI 等混合溶液中，对实验有何影响？

4. 催化剂 $Cu(NO_3)_2$ 为何能够加快该化学反应的速率？

【自测题】

1. 改变反应温度，能显著影响反应速率（　　）。A. 正确；B. 错误

2. 本实验操作中计时是否准确，对实验结果没有影响（　　）。A. 正确；B. 错误

3. 实验中加入 KNO_3、$(NH_4)_2SO_4$ 以保持实验溶液中离子强度不变（　　）。A. 正确；B. 错误

4. 实验中待反应溶液出现蓝色时，说明过二硫酸铵与碘化钾反应终止（　　）。A. 正确；B. 错误

5. 本实验除了可以用过二硫酸铵的浓度变化表示反应速率之外，也可用 I^-、SO_4^{2-} 及 I_3^- 的浓度变化来表示反应速率（　　）。A. 正确；B. 错误

6. 如果实验中先加 $(NH_4)_2S_2O_8$ 溶液，最后加 KI 溶液，对实验结果没有影响（　　）。A. 正确；B. 错误

实验三　乙酸电离度和电离平衡常数的测定
——pH 计的使用

【实验目的】

测定乙酸的电离度和电离常数。进一步掌握滴定原理，滴定操作及正确判断滴定终点。学习使用 pH 计。

【实验原理】

乙酸（CH_3COOH 或 HAc）是弱电解质，在水溶液中存在以下电离平衡：

$$HAc \rightleftharpoons H^+ + Ac^-$$

其平衡关系式为　$K_i = \dfrac{[H^+][Ac^-]}{[HAc]}$

设 c 为 HAc 的起始浓度，$[H^+]$、$[Ac^-]$、$[HAc]$ 分别为 H^+、Ac^-、HAc 的平衡浓度，α 为电离度，K_i 为电离平衡常数。

在纯的 HAc 溶液中，$[H^+] = [Ac^-] = c\alpha$，$[HAc] = c(1-\alpha)$，$\alpha = \dfrac{[H^+]}{c} \times 100\%$，则

$$K_i = \frac{[H^+][Ac^-]}{[HAc]} = \frac{[H^+]^2}{c - [H^+]}$$

当 $\alpha < 5\%$ 时，$c - [H^+] \approx c$，故

$$K_i = \frac{[H^+]^2}{c}$$

根据以上关系，通过测定已知浓度的 HAc 溶液的 pH，就知道其 $[H^+]$，从而可以计算该 HAc 溶液的电离度和平衡常数。

【实验用品】

仪器：碱式滴定管、吸量管（10mL）、移液管（25mL）、锥形瓶（50mL）、烧杯（50mL）、pH 计

液体药品：HAc（0.20mol/L）、NaOH 标准溶液、酚酞指示剂

【实验内容】

一、乙酸溶液浓度的测定

以酚酞为指示剂，用已知浓度的 NaOH 标准溶液标定 HAc 的准确浓度，把结果填入下表。

滴　定　序　号	I	II	III
NaOH 溶液的浓度/(mol/L)			
HAc 溶液的用量/mL			
NaOH 溶液的用量/mL			
HAc 溶液的浓度 /(mol/L) —— 测定值			
平均值			

二、配制不同浓度的 HAc 溶液

用移液管和吸量管分别取 25.00mL、5.00mL、2.50mL 已测得准确浓度的 HAc 溶液，把它们分别加入三个 50mL 容量瓶中，再用蒸馏水稀释至刻度，摇匀，并计算出这三个容量瓶中 HAc 溶液的准确浓度。

三、测定乙酸溶液的 pH，计算乙酸的电离度和电离平衡常数

把以上四种不同浓度的 HAc 溶液分别加入四只洁净干燥的 50mL 烧杯中，按由稀到浓的次序在 pH 计上分别测定它们的 pH，并记录数据和室温。计算电离度和电离平衡常数，并将有关数据填入下表中。

温度_____℃

溶液编号	c /(mol/L)	pH	$[H^+]$ /(mol/L)	α	电离平衡常数 K 测定值	平均值
1						
2						
3						
4						

实验测定的 K 在 $1.0 \times 10^{-5} \sim 2.0 \times 10^{-5}$ 范围内合格（25℃的文献值为 1.76×10^{-5}）。

【实验注意事项】

1. 在对酸度计的定位完成后，不能再动定位调节旋钮，否则应重新定位。

2. 在对标准乙酸溶液进行取液前，应看清移液管或吸量管上是否有 "B" 的标记，有 "B" 的，则应将移液管尖嘴的液体吹入容量瓶，无 "B" 的则不可用外力使尖嘴处的液体流出，因为移液管的容积不包括尖嘴处残留的液体。

3. 盛装不同浓度的 HAc 的四只小烧杯应清洗洁净并用滤纸擦干待用。

4. 测定乙酸溶液前应将复合电极用蒸馏水清洗并用滤纸将玻璃表面的水分吸干。

5. 测定乙酸溶液的 pH 时应按由稀到浓的顺序进行测定，以避免可能残留

在电极上的浓酸对稀酸 pH 产生影响而造成误差。

【思考题】

1. 用 pH 计测定乙酸溶液的 pH，为什么要按浓度由低到高的顺序进行？

2. 本实验中各乙酸溶液的 $[H^+]$ 测定可否改用酸碱滴定法进行？

3. 乙酸的电离度和电离平衡常数是否受乙酸浓度变化的影响？

4. 若所用乙酸溶液的浓度极稀，是否还可用公式 $K_a = \dfrac{[H_3O^+]^2}{c}$ 计算电离常数？

实验四 电离平衡

【实验目的】

加强对电离平衡、同离子效应理论的理解；掌握缓冲溶液的原理及其配制方法；掌握盐类水解反应并会用平衡移动的原理解释实验现象；复习指示剂及 pH 试纸的使用方法。

【实验原理】

1. 弱电解质的电离平衡

弱酸或弱碱在水中部分电离，$AB \Longrightarrow A^+ + B^-$。温度、弱电解质浓度 $c(AB)$ 及水溶液中的 A^+、B^- 离子浓度等因素可以影响其电离平衡的移动。电离反应是吸热反应，所以升高温度可以使平衡向离解方向移动；而增大 A^+、B^- 离子浓度则使平衡向生成 AB 的方向移动，这种影响被称为同离子效应。利用同离子效应可以使弱电解质电离度减小，也能使难溶电解质的溶解度减小。

2. 缓冲溶液

弱酸、弱碱及其盐可以组成缓冲溶液，缓冲溶液的特点是能抵御少量外来酸碱而保持 pH 不变。其对应的计算公式为：

$$pH = pK_a + \lg(c_{盐}/c_{酸}) \qquad pOH = pK_b + \lg(c_{盐}/c_{碱})$$

当 $c_{盐}/c_{酸}$ 或者 $c_{盐}/c_{碱}$ 的比例为 $0.1 \sim 10$ 之间时，溶液才具有比较大的缓冲作用，所以在配制缓冲溶液时，选择的弱电解质 K 值和缓冲溶液的 pH 值的关系要控制在：

$$pH = pK_a \pm 1 \qquad pOH = pK_b \pm 1$$

缓冲溶液的缓冲能力是有限的，大量的外来酸碱会破坏其缓冲能力。

3. 盐类水解

盐类会因为水解而显出酸碱性，强碱弱酸盐呈碱性，强酸弱碱盐呈酸性，弱酸弱碱盐的酸碱性则由其正负离子各自所对应的弱碱、弱酸的 K_b、K_a 值的相对大小决定，例如 NH_4Ac 呈中性（$K_a \approx K_b$），而 $(NH_4)_2S$ 则呈碱性（$K_a < K_b$）。盐类水解相应生成的弱酸弱碱越弱，则水解越强烈。弱酸弱碱盐的正、负离子可以发生"双水解"，使平衡进行到底，水解完全。

水解反应是吸热反应，所以温度升高可以使平衡向水解方向移动。在水解平衡中增加或减少反应物或生成物的量也能使平衡移动，如：

$$BiCl_3 + H_2O \Longrightarrow BiOCl \downarrow （白色） + 2HCl$$

为了防止盐类水解，可以在系统中加入酸，使 $c(H^+)$ 增大，从而使平衡左移，抑制水解。而当强酸弱碱盐和强碱弱酸盐相遇，可以相互加剧水解，如：

$$2Al^{3+} + 3CO_3^{2-} + 6H_2O \longrightarrow 2Al(OH)_3\downarrow + 3CO_2 + 3H_2O$$

此反应进行得十分彻底。

【实验用品】

仪器：试管、试管夹、量筒（10mL）、烧杯、酒精灯、点滴板、药匙、玻棒

试剂：0.1mol/L 氨水、2mol/L 氨水、0.1mol/L NaOH、6mol/L NaOH、0.1mol/L HCl、2mol/L HCl、6mol/L HCl、0.1mol/L HAc、2mol/L HAc、0.1mol/L NaAc、2mol/L NaAc、0.1mol/L $Al_2(SO_4)_3$、0.5mol/L $NaHCO_3$、NH_4Ac 固体、酚酞、甲基橙。

【实验内容】

一、弱电解质的电离平衡

① 在试管中加入 10 滴 0.1mol/L 氨水，滴入 1 滴酚酞，观察颜色变化，再加入少量 NH_4Ac 固体，振荡试管，再观察颜色变化。解释原因。

② 在试管中加入 10 滴 0.1mol/L HAc，滴入 1 滴甲基橙，观察颜色变化，再加入少量 NH_4Ac 固体，振荡试管，再观察颜色变化。解释原因。

二、缓冲溶液

① 按表 2-3 中数据在两只烧杯中配两组缓冲溶液。

表 2-3　缓冲溶液的 pH 值

实验编号	酸(10mL)	盐(10mL)	计算 pH 值	实测 pH 值
1	2mol/L HAc	2mol/L NaAc		
2	0.1mol/L HAc	0.1mol/L NaAc		

搅拌均匀后，用 pH 试纸测定其 pH 值并与计算值相比较。

② 把上述两组液体等分为五份，各取组一、组二及等量清水，按照表 2-4 中的操作测其 pH 值，填入表中。

表 2-4　待测溶液及其 pH 测定值

实验内容	pH 测定值		
	组一	组二	清水
加入 0.5mL 去离子水			
加入 0.5mL 0.1mol/L HCl			
加入 0.5mL 0.1mol/L NaOH			
加入 0.5mL 6mol/L HCl			
加入 0.5mL 6mol/L NaOH			

比较表中的数据与原始 pH 值，体会缓冲溶液浓度和缓冲能力的关系，体会"缓冲能力是有限的"。

③ 自己设计实验，配制 pH＝9 的缓冲溶液，并证明其 pH 值和缓冲能力。

三、盐类水解

① 在试管中加入 3mL 2mol/L NaAc 溶液，滴入 1 滴酚酞，观察溶液颜色。再将试管缓慢加热至沸，观察溶液颜色变化，冷却试管，再观察溶液颜色变化。解释实验现象。

② 在试管中加入 2mL 去离子水，再滴入 5 滴 $BiCl_3$ 溶液观察现象，再滴加 2mol/L HCl，又出现什么现象，解释原因并由此说明如何防止盐类水解。

③ 取两支试管，分别加入 1mL 0.1mol/L $Al_2(SO_4)_3$ 和 1mL 0.5mol/L $NaHCO_3$ 溶液，用 pH 试纸测定其 pH 值，然后把两种溶液混合，观察并解释实验现象。

【思考题】

1. 什么叫同离子效应，哪些情况会产生同离子效应？在 $CaCO_3$ 饱和溶液中加入 Na_2CO_3 是否产生同离子效应，有何现象？

2. 何谓缓冲溶液，NaH_2PO_4 与 Na_2HPO_4 的混合溶液是否为缓冲溶液？

3. 盐类水解是怎样产生的，怎样防止盐类发生水解？

4. 欲配制 $BiCl_3$ 溶液，能否将 $BiCl_3$ 固体直接溶于水？

实验五　溶　解　平　衡

【实验目的】

理解难溶电解质的溶解平衡，熟练掌握溶度积规则；了解难溶电解质的转化规律；掌握离心机的操作方法。

【实验原理】

在难溶电解质的饱和溶液中，如果还有未溶解的难溶电解质固体，那么溶解后的离子与未溶解的固体之间存在着沉淀溶解平衡。例如，在含有 AgCl 固体的 AgCl 饱和溶液中，存在如下平衡：

$$AgCl(s) \Longleftrightarrow Ag^+(aq) + Cl^-(aq)$$

其标准平衡常数表达式为：

$$K_{sp}^{\ominus} = \{c^{eq}(Ag^+)/c^{\ominus}\}\{c^{eq}(Cl^-)/c^{\ominus}\} \text{（饱和溶液）}$$

式中，$K_{sp}^{\ominus}$ 为标准溶度积。

当溶液处于非饱和态（未饱和或过饱和）时，则用 Q_i 表示其离子积，其表达式为：

$$Q_i = \{c(Ag^+)/c^{\ominus}\}\{c(Cl^-)/c^{\ominus}\} \text{（非饱和溶液）}$$

可比较离子积与溶度积的大小来判断沉淀的生成和溶解，这一判断称为溶度积规则。

溶度积规则为：　　　　$Q_i > K_{sp}^{\ominus}$　　有沉淀生成

$\qquad\qquad\qquad\qquad Q_i = K_{sp}^{\ominus}$　　饱和溶液

$\qquad\qquad\qquad\qquad Q_i < K_{sp}^{\ominus}$　　溶液不饱和或沉淀溶解

从溶度积规则得知：若要生成某一难溶电解质的沉淀，就需设法增大它的某种离子的浓度，使其离子浓度（以其系数为指数）的乘积 Q_i（离子积）大于它的 $K_{sp}^{\ominus}$；反之，要使沉淀溶解，就要设法降低它的某种离子浓度，使其离子积 Q_i 小于 $K_{sp}^{\ominus}$。

若溶液中的几种离子都能与加入的某种试剂（沉淀剂）反应生成沉淀，当逐滴加入沉淀剂时出现各离子依先后次序沉淀的现象，称为分步沉淀。分步沉淀的次序为：需要沉淀剂浓度较小的难溶电解质先析出沉淀，需要沉淀剂浓度较大的后析出沉淀。

在含有一种难溶电解质沉淀的溶液中，加入某种试剂，使其转化为另一种难溶电解质沉淀的过程叫沉淀的转化。沉淀转化的方向为：溶解度较大的难溶电解质沉淀转化为溶解度较小的难溶电解质沉淀。

【实验用品】

仪器：试管，离心试管，离心机，试管夹，酒精灯

试剂：2mol/L HCl，H_2S 饱和溶液，2mol/L 氨水，2mol/L NaOH，0.1mol/L $AgNO_3$，0.1mol/L K_2CrO_4，0.1mol/L NaCl，0.01mol/L $CaCl_2$，1mol/L $CaCl_2$，0.1mol/L Na_2S，0.1mol/L $Pb(NO_3)_2$，0.01mol/L Na_2CO_3，0.1mol/L $MgCl_2$，2mol/L NH_4Cl，0.1mol/L $MnSO_4$，0.1mol/L $FeCl_3$，0.1mol/L $NiCl_2$，0.1mol/L KBr，2mol/L $Na_2S_2O_3$，广泛 pH 试纸。

【实验内容】

一、沉淀的生成和溶解

1. 取两支试管各加入 5mL 去离子水，然后分别滴入 1 滴 0.01mol/L $CaCl_2$ 溶液，1 滴 0.01mol/L Na_2CO_3 溶液，并摇匀；然后将两试管中的溶液混合，观察有无沉淀生成。

往离心试管中加入 1mL 0.1mol/L $CaCl_2$ 溶液和 1mL 0.1mol/L Na_2CO_3 溶液，振荡试管，观察沉淀的生成。用离心机离心分离后，将上层清液注入另一试管中，在遗留的沉淀中加入 2mol/L HCl 溶液，观察沉淀的溶解。向清液中滴加 0.01mol/L $CaCl_2$ 溶液数滴，观察沉淀的生成。解释上述现象，写出有关反应方程式。

2. 取两支试管各加入 5 滴 0.1mol/L $MnSO_4$ 溶液，然后分别滴加 H_2S 饱和溶液或 0.1mol/L Na_2S 溶液，观察哪支试管有沉淀生成？在有沉淀的试管中加入 2~3 滴 2mol/L HCl 溶液，观察现象，用溶度积规则解释之。

3. 取两支试管各加入 1mL 0.1mol/L $MgCl_2$ 溶液，然后分别滴入数滴 2mol/L 氨水，至产生沉淀为止；再往其中一支试管中滴加 2mol/L NH_4Cl 溶液，至沉淀消失为止；向其中另一支试管中滴加 2mol/L HCl 溶液，至沉淀消失为止。用平衡移动的观点解释现象。

二、分步沉淀

1. 在离心试管中加入 3mL 去离子水，然后滴入 1 滴 0.1mol/L NaCl 溶液和 6 滴 0.1mol/L K_2CrO_4 溶液，摇匀后，再边振荡边滴入 3 滴 0.1mol/L $AgNO_3$ 溶液，观察白色沉淀的生成；然后离心分离，再往清液中滴加 $AgNO_3$ 溶液，至生成砖红色沉淀为止。解释上述实验现象，写出反应方程式。

2. 在试管中加入 3mL 0.1mol/L $FeCl_3$、3mL 0.1mol/L $NiCl_2$ 溶液摇匀。利用生成氢氧化物沉淀的方法分离 Fe^{3+} 和 Ni^{2+}，先算出应控制的 pH 值范围；然后写出控制酸度的方法、分离和验证分离效果的实验步骤；再进行实验并记录观察到的现象，写出反应方程式。

三、沉淀的转化

在离心试管中加入 5 滴 $AgNO_3$ 溶液和 5 滴 K_2CrO_4 溶液，振荡试管，观察沉淀颜色。离心分离，弃去清液，往沉淀上滴加 NaCl 溶液，边加边振荡直到砖红色沉淀消失，白色沉淀生成为止。解释现象，写出有关的反应方程式。

四、沉淀-配位平衡

在试管中加入 10 滴 0.1mol/L $AgNO_3$ 溶液，滴入 1 滴 0.1mol/L NaCl 溶液，观察白色沉淀的生成，然后滴入数滴 2mol/L 氨水至白色沉淀溶解；再向试管中滴加 0.1mol/L KBr 溶液，至沉淀生成，然后滴入数滴 2mol/L $Na_2S_2O_3$ 至沉淀溶解。解释上述实验现象，写出反应方程式。

【思考题】

1. 离心分离操作中应注意什么问题？
2. 在分步沉淀中溶度积小的难溶电解质一定先沉淀析出吗？试举例说明。
3. 分析溶解度与溶度积定义的异同点，推导出溶解度与溶度积的换算公式。

实验六　氧化还原反应和氧化还原平衡

【实验目的】

学会装配原电池（primary cell），掌握电极的本性、电对的氧化型或还原型物质的浓度、介质的酸度等因素对电极电势、氧化还原反应的方向、产物、速率的影响，通过实验了解化学电池电动势。

【实验原理】

凡把化学能转变为电能的装置称为化学电源（或电池、原电池）。电池是由两个电极和连通两个电极的电解质溶液组成的，如图 2-3 所示。

把 Zn 片插入 ZnSO₄ 溶液中构成 Zn 电极，把 Cu 片插在 CuSO₄ 溶液中构成 Cu 电极。用盐桥（其中充满电解质）把这两个电极连接起来就成为 Cu-Zn 电池。

在电池中，每个电极都具有一定的电极电势。当电池处于平衡态时，两个电极的电极电势之差就等于该可逆电池的电动势，按照我们常采用的习惯，规定电池的电动势等于正、负电极的电极电势之差。即

$$E = \varphi_+ - \varphi_-$$

式中，E 是原电池的电动势，φ_+ 和 φ_- 分别代表正、负极的电极电势。其中：

$$\varphi_+ = \varphi_+^{\ominus} - \frac{RT}{ZF} \ln \frac{a_{氧化}}{a_{还原}}$$

$$\varphi_- = \varphi_-^{\ominus} - \frac{RT}{ZF} \ln \frac{a_{氧化}}{a_{还原}}$$

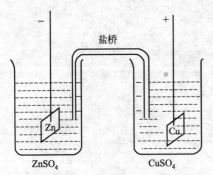

图 2-3　铜锌原电池

式中，$R = 8.134 \text{J}/(\text{mol} \cdot \text{K})$；$T$ 是热力学温度；Z 是反应中得失电子的数量；$F = 96485 \text{C/mol}$，称为法拉第常数；$a_{氧化}$ 和 $a_{还原}$ 分别为参与电极反应的物质的氧化态和还原态的活度。

对于 Cu-Zn 电池，其电池表示式为：

$$(-)\ \text{Zn} \mid \text{ZnSO}_4(m_1) \parallel \text{CuSO}_4(m_2) \mid \text{Cu}(+)$$

负极反应：　　　　　　$\text{Zn} \longrightarrow \text{Zn}^{2+}(m_1) + 2e$

正极反应：　$\text{Cu}^{2+}(m_2) + 2e \longrightarrow \text{Cu}$

电池反应：$\text{Zn} + \text{Cu}^{2+}(m_2) \longrightarrow \text{Zn}^{2+}(m_1) + \text{Cu}$

其电动势为：
$$E = \varphi_{Cu^{2+}/Cu} - \varphi_{Zn^{2+}/Zn}$$

$$\varphi_{Cu^{2+}/Cu} = \varphi^{\ominus}_{Cu^{2+}/Cu} - \frac{RT}{2F} \ln \frac{1}{a_{Cu^{2+}}}$$

$$\varphi_{Zn^{2+}/Zn} = \varphi^{\ominus}_{Zn^{2+}/Zn} - \frac{RT}{2F} \ln \frac{1}{a_{Zn^{2+}}}$$

Cu^{2+}、Zn^{2+} 的活度可由其浓度 m_i 和相应电解质溶液的平均活度系数 $\gamma_\pm$ 计算出来：

$$a_{Cu^{2+}} = m_2 \gamma_\pm \; ; \; a_{Zn^{2+}} = m_1 \gamma_\pm$$

在稀溶液中 $\gamma_\pm \approx 1$，故有：$a_{Cu^{2+}} \approx m_2$；$a_{Zn^{2+}} \approx m_1$。

从上面的计算式推导可知，Cu^{2+}、Zn^{2+} 的浓度变化，将引起其电极电势的变化及电池电动势的变化。

【实验用品】

仪器：试管（离心、10mL）、烧杯（100mL、250mL）、伏特计（或酸度计）、表面皿、U 形管

固体药品：琼脂、氟化铵

液体药品：HCl（浓）、HNO_3（2mol/L、浓）、HAc（6mol/L）、H_2SO_4（1mol/L）、NaOH（6mol/L，40%）、$NH_3 \cdot H_2O$（浓）、$ZnSO_4$（1mol/L）、$CuSO_4$（0.01mol/L，1mol/L）、KI（0.1mol/L）、KBr（0.1mol/L）、$FeCl_3$（0.1mol/L）、$Fe_2(SO_4)_3$（0.1mol/L）、$FeSO_4$（1mol/L）、H_2O_2（3%）、KIO_3（0.1mol/L）、溴水、碘水（0.1mol/L）、氯水（饱和）、KCl（饱和）、CCl_4、酚酞指示剂、淀粉溶液（0.4%）

材料：电极（锌片、铜片），回形针，红色石蕊试纸（或酚酞试纸）；导线，砂纸，滤纸

【实验内容】

一、氧化还原反应和电极电势

1. 在试管中加入 0.5mL 0.1mol/L KI 溶液和 2 滴 0.1mol/L $FeCl_3$ 溶液，摇匀后加入 0.5mL CCl_4，充分振荡，观察 CCl_4 层颜色有无变化。

2. 用 0.1mol/L KBr 溶液代替 KI 溶液进行同样实验，观察现象。

3. 往两支试管中分别加入 3 滴碘水、溴水，然后加入约 0.5mL 0.1mol/L $FeSO_4$ 溶液，摇匀后，注入 0.5mL CCl_4，充分振荡，观察 CCl_4 层有无变化。

根据以上实验结果，定性地比较 Br_2/Br^-、I_2/I^- 和 Fe^{3+}/Fe^{2+} 三个电对的电极电势。

二、浓度对电极电势的影响

1. 往一只小烧杯中加入约 30mL 1mol/L $ZnSO_4$ 溶液，在其中插入锌片；往

另一只小烧杯中加入约 30mL 1mol/L CuSO$_4$ 溶液，在其中插入铜片。用盐桥将两烧杯相连，组成一个原电池。用导线将锌片和铜片分别与伏特计（或酸度计）的负极和正极相接，测量两极之间的电压（图 2-4）。

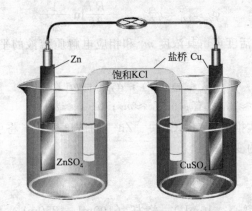

图 2-4　铜锌原电池组成示意图

在 CuSO$_4$ 溶液中注入浓氨水至生成的沉淀溶解为止，形成深蓝色的溶液：

$$Cu^{2+} + 4NH_3 \longrightarrow [Cu(NH_3)_4]^{2+}$$

测量电压，观察有何变化。

再于 ZnSO$_4$ 溶液中加入浓氨水至生成的沉淀完全溶解为止：

$$Zn^{2+} + 4NH_3 \longrightarrow [Zn(NH_3)_4]^{2+}$$

测量电压，观察又有什么变化。利用 Nernst 方程式来解释实验现象。

2. 自行设计并测定下列浓差电池电动势，将实验值与计算值比较。

$$Cu|CuSO_4(0.01mol/L) \parallel CuSO_4(1mol/L)|Cu$$

在浓差电池的两极各连一个回形针，然后在表面皿上放一小块滤纸，滴加 1mol/L Na$_2$SO$_4$ 溶液，使滤纸完全湿润，再加入酚酞 2 滴。将两极的回形针压在纸上，使其相距约 1mm，稍等片刻，观察所压处，哪一端出现红色。

三、酸度和浓度对氧化还原反应的影响

1. 酸度的影响

（1）在 3 支均盛有 0.5mL 0.1mol/L Na$_2$SO$_3$ 溶液的试管中，分别加入 0.5mL 1mol/L H$_2$SO$_4$ 溶液及 0.5mL 蒸馏水和 0.5mL 6mol/L NaOH 溶液，混合均匀后，再各滴入 2 滴 0.01mol/L KMnO$_4$ 溶液，观察颜色的变化有何不同，写出反应式。

（2）在试管中加入 0.5mL 0.1mol/L KI 溶液和 2 滴 0.1mol/L KIO$_3$ 溶液，再加几滴淀粉溶液，混合后观察溶液颜色有无变化。然后加 2～3 滴 1mol/L H$_2$SO$_4$ 溶液酸化混合液，观察有什么变化，最后滴加 2～3 滴 6mol/L NaOH 使混合液显碱性，又有什么变化。写出有关反应式。

2. 浓度的影响

（1）往盛有 H_2O、CCl_4 和 $0.1mol/L$ $Fe_2(SO_4)_3$ 各 $0.5mL$ 的试管中加入 $0.5mL$ $0.1mol/L$ KI 溶液，振荡后观察 CCl_4 层的颜色。

（2）往盛有 CCl_4、$1mol/L$ $FeSO_4$ 和 $0.1mol/L$ $Fe_2(SO_4)_3$ 各 $0.5mL$ 的试管中，加入 $0.5mL$ $0.1mol/L$ KI 溶液，振荡后观察 CCl_4 层的颜色。与上一实验中 CCl_4 层颜色有何区别？

（3）在实验（1）的试管中，加入少许 NH_4F 固体，振荡，观察 CCl_4 层颜色的变化。

说明浓度对氧化还原反应的影响。

四、酸度对氧化还原反应速率的影响

在两支各盛 $0.5mL$ $0.1mol/L$ KBr 溶液的试管中，分别加入 $0.5mL$ $1mol/L$ H_2SO_4 和 $6mol/L$ HAc 溶液，然后各加入 2 滴 $0.01mol/L$ $KMnO_4$ 溶液，观察 2 支试管中紫红色褪去的速度。分别写出有关反应方程式。

五、氧化数据中物质的氧化还原性

1. 在试管中加入 $0.5mL$ $0.1mol/L$ KI 和 $2\sim3$ 滴 $1mol/L$ H_2SO_4，再加入 $1\sim2$ 滴 3% H_2O_2，观察试管中溶液颜色的变化。

2. 在试管中加入 2 滴 $0.01mol/L$ $KMnO_4$ 溶液，再加入 3 滴 $1mol/L$ H_2SO_4 溶液，摇匀后滴加 2 滴 3% H_2O_2，观察溶液颜色的变化。

【实验注意事项】

1. 在 Fe^{3+} 与 I^- 反应生成 I_2 后加入 CCl_4 的实验中，为使 I_2 由水溶液尽快地转移至 CCl_4 中，应充分振荡。

2. 上述实验中，CCl_4 的加入量不能少，否则上层水溶液中 I_2 产生的棕黄色映入下层 CCl_4 后溶液呈红色或桃红色，而非 I_2 在 CCl_4 中应显出的紫红色。

3. 在进行原电池电动势的测定前，应将电极锌片、铜片用砂纸擦干净，以免增大电阻。由于是多组同学同用一支盐桥，故应固定盐桥两端，使一端始终插入 $CuSO_4$ 溶液（第二次及以后使用时该端琼脂呈 $CuSO_4$ 的蓝色），另一端插入 $ZnSO_4$ 溶液（该端琼脂仍呈琼脂的乳白色）。在测定浓差电池电动势时，两极都应使用铜电极，并另用一支新的盐桥进行实验。

4. 在进行 MnO_4^- 与 SO_3^{2-} 的反应时，在中性（或弱酸、弱碱性）溶液中，应仔细观察反应后液体的情况，最好用白纸衬底，因 MnO_4^- 紫红色褪去后刚生成的棕黄色 MnO_2 沉淀，既少又小，并悬浮在液体中，不仔细观察则会错认为无沉淀生成。也可在反应试管静置一段时间后观察试管底部沉降的沉淀。在强碱溶液中，反应生成绿色的 MnO_4^{2-} 溶液。

【思考题】

1. 盐桥有什么作用？应选择什么样的电解质作为盐桥？
2. 如果电极的极性接反了，会有什么结果？
3. 若要增大铜锌原电池的电动势，可采取什么措施？

实验七 分子结构和晶体结构模型

【实验目的】

1. 熟悉部分无机化合物（无机离子）的杂化方式及空间构型。
2. 了解部分晶体的空间构型。
3. 了解金属晶体的密堆积构型。

【实验提要】

本实验通过 CAI 课件教学，加深对分子结构和晶体结构理论的理解及其空间构型的认识。

部分无机化合物（无机离子）的中心原子以某种特定的杂化方式与其他原子成键，得到一固定的空间构型。

晶体依其晶格结点上不同类型的粒子，可分为离子晶体、分子晶体、原子晶体、金属晶体四种基本类型。

离子晶体的空间构型要由其正、负离子的半径比（r_+/r_-）确定。

金属晶体中常见的有三种紧密堆积方式。

【实验要求】

在 CAI 室观看：① sp^n、$d^m sp^n$（或 $sp^n d^m$）杂化与成键，得到一固定的空间构型；

② 部分离子晶体、分子晶体、原子晶体、金属晶体及过渡型晶体的空间构型。

【实验内容】

填表 2-5～表 2-7。

表 2-5　分子或离子的杂化及其空间构型

物　　质	杂化方式	杂化轨道数	杂化轨道间夹角	空间构型
$BeCl_2$				
BCl_3				
CH_4				
CH_3Cl				
NH_3				
H_2O				
$[Cu(NH_3)_4]^{2+}$				
$[FeF_6]^{3-}$				

表 2-6 晶体的空间构型

物 质	晶体类型	晶格结点上的粒子	粒子间的作用力	空间构型
CsCl				
NaCl				
立方 ZnS				
石墨				
干冰				
金刚石				

表 2-7 金属晶体的密堆积

物 质	配 位 数	空间利用率	实 例
面心立方堆积			
体心立方堆积			
密集六方堆积			

【思考题】

1. BCl_3 分子与 NH_3 分子的空间构型是否相同？试用杂化理论解释之。

2. 影响离子晶体晶格能的因素有哪些？

3. 简述简单 AB 型离子晶体的空间结构特征。

实验八　去离子水的制备与检测

【实验目的】

1. 了解用离子交换树脂制备去离子水的原理和方法。
2. 学习应用电导率仪测定电导率。
3. 掌握水样中无机离子定性检测的方法。

【实验原理】

自来水中主要的无机杂质离子有 Ca^{2+}、Mg^{2+}、Na^+ 等阳离子和 HCO_3^-、CO_3^{2-}、SO_4^{2-}、Cl^- 等阴离子，除去自来水中无机杂质离子所得到的净化水称为去离子水。

净化水的方法有多种，本实验采用的是离子交换法（ion exchange resin）。离子交换法是利用离子交换树脂能与某些无机离子进行选择性的离子交换反应而获得去离子水的方法。离子交换树脂是人工合成的具有某种活性基团的高分子化合物。当活性基团与水相接触时，能交换吸附溶解在水中的阳离子或阴离子。含有酸性基团、能进行阳离子交换的称为阳离子交换树脂，如磺酸型阳离子交换树脂，用 RH 表示。含有碱性基团、能进行阴离子交换的称为阴离子交换树脂，如季铵盐型阴离子交换树脂，用 ROH 表示。在制备去离子水时，一般用三个串联的交换树脂柱，阳离子交换柱、阴离子交换柱和混合阴阳离子交换柱，如图 2-5 所示。

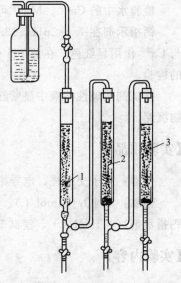

图 2-5　去离子水制备示意图

当自来水通过阳离子交换柱时，发生如下反应：

$$2RH + Ca^{2+} \rightleftharpoons R_2Ca + 2H^+$$

$$2RH + Mg^{2+} \rightleftharpoons R_2Mg + 2H^+$$

$$RH + Na^+ \rightleftharpoons RNa + H^+$$

从阳离子交换柱出来的水再流经阴离子交换柱时，发生如下反应

$$ROH + HCO_3^- \rightleftharpoons RHCO_3 + OH^-$$

$$2ROH + CO_3^{2-} \rightleftharpoons R_2CO_3 + 2OH^-$$

$$2ROH + SO_4^{2-} \rightleftharpoons R_2SO_4 + 2OH^-$$

$$ROH + Cl^- \rightleftharpoons RCl + OH^-$$

最后混合交换柱的作用相当于多级交换，进一步提高水的纯度。

离子交换树脂使用一段时间以后，达到饱和，要分别用 HCl 和 NaOH 对阳、阴离子交换树脂进行再生处理，使其进行上述逆反应，树脂恢复交换能力。

电解质溶液的导电能力常用电导率表示。电解质溶液的导电能力主要取决于溶液的离子浓度，浓度越大，导电能力越强，溶液的电导率就越大，纯水是极弱的电解质，但当水样中含有杂质离子时，则导电能力大大加强。根据水的电导率的大小，可估计水中杂质离子的相对含量，评价水的相对纯度。

检验水中的 Ca^{2+}、Mg^{2+} 可以分别用钙指示剂和镁试剂。

钙指示剂在 $7.4 < pH < 13.5$ 时显蓝色，在 pH 值为 $12 \sim 13$ 的碱性溶液中，与 Ca^{2+} 作用显红色。在此 pH 值下，Mg^{2+} 生成 $Mg(OH)_2$ 沉淀，不干扰 Ca^{2+} 的检验。

镁试剂在碱性溶液中显紫红色，Mg^{2+} 与镁试剂在碱性溶液中生成蓝色配合物沉淀。

【实验用品】

仪器：离子交换柱、电导率仪、烧杯（50cm³）、试管、试管架

药品：HNO_3（2mol/L）、NaOH（2mol/L）、$AgNO_3$（0.1mol/L）、$BaCl_2$ 钙指示剂（0.1mol/L）、镁试剂

【实验内容】

一、安装离子交换柱（实验室准备）

按图 2-5 安装离子交换柱。在三支交换柱的底部塞入少量清洁的玻璃纤维，拧紧下端夹子。先在柱子中加少量去离子水，然后在 1、2、3 号柱内分别加入阳离子交换树脂、阴离子交换树脂和混合离子交换树脂（阳、阴离子交换树脂按 1∶2 混合）。装柱时，可将树脂放在烧杯中，加入一些去离子水，用玻璃棒搅动树脂同时倒入，以便树脂随水沉入柱内。水过量时可松开下端夹子流出一部分，但必须保持水面高于树脂层。树脂层高度约为 25cm，树脂层内不能留有气泡，否则必须重装。

用乳胶管连接三个柱子，胶管内也要尽量排除气泡，以保证水流畅通。

二、去离子水的制备

1. 参观实验室制备去离子水的装置。

2. 离子交换。

打开高位槽和交换柱之间的止水夹，并开启出水口的螺旋夹，用烧杯接水。最初控制水的流速约为每分钟 $70\sim90$ 滴，流出 $100cm^3$ 后将水弃去。然后控制水的流速约为每分钟 $50\sim60$ 滴，收集出水口水样约 $40cm^3$ 进行水质检测。

三、水质检测

1. 电导率的测定

用电导率仪分别测定自来水和去离子水的电导率（参见 1.3.3）。每次测定前，都应以待测水样冲洗电导电极，然后取水样测定其电导率。

2. 杂质离子的定性检测

分别对自来水和去离子水进行如下检测：

（1）Ca^{2+}：取 $1cm^3$ 水样，加入 2 滴 2mol/L NaOH 溶液，再加入少许钙指示剂，观察溶液是否呈红色，判断有无 Ca^{2+} 存在。

（钙指示剂）

（2）Mg^{2+}：取 $1cm^3$ 水样，加入 2 滴 2mol/L NaOH 溶液，再加入 1 滴镁试剂，观察有无天蓝色沉淀生成，判断有无 Mg^{2+} 存在。

（镁试剂）

（3）SO_4^{2-} 和 Cl^-：自行设计检验方法。

将实验结果填入下表：

水　　样	检　测　项　目				
	电导率/($\mu S/cm^2$)	Ca^{2+}	Mg^{2+}	Cl^-	SO_4^{2-}
自来水					
去离子水					

【思考题】

1. 自来水中主要的无机杂质离子有哪些？
2. 离子交换法制备去离子水的原理是什么？
3. 设计 Cl^- 和 SO_4^{2-} 的鉴定方法，并写出离子反应式。

实验九　碘盐的制备与检验

【实验目的】

1. 学习重结晶的操作。
2. 复习抽滤的操作。
3. 了解"食盐"的成分及生产步骤。

【实验原理】

日常生活中，我们所说的"食盐"均为碘盐。碘是人体甲状腺素的重要成分，对人体的大脑发育、身体成长和新陈代谢起着极其重要的影响，因此，碘有"智能元素"之称。当人体缺碘时，会引起多种疾病，统称为碘缺乏病（iodin-deficiency diseases，IDD）。该病有两个特点，一是危害重，二是可预防。我国是碘缺乏病多发国家，病区人口有 4.25 亿，占全世界的 40%，其中，危害较重的是"地方性甲状腺肿"、"地方性克汀病"（聋、哑、呆、傻、矮、瘫）。造成儿童智力低下，最重要、最常见的病因也是缺碘。碘盐的制备，其实质是粗盐重结晶提纯，加入含碘活性成分的过程。

重结晶是提纯固体的重要方法，即将被提纯物质（如粗食盐）完全溶解在适当溶剂（如水）中，过滤，使不溶的杂质（如砂子）与液相分离。滤液再通过加热蒸发液相使其浓缩，经冷却使被提纯物质达到过饱和而重新结晶析出，液相中杂质因未饱和而仍然留在液相中，从而达到提纯的目的。经多次重结晶，可以得到纯度在 99.9% 以上的晶体。母液的多少、晶体的大小以及结晶的次数决定着产物的产率和纯度。

碘盐中碘的活性成分主要是 KIO_3 或 KI。KI 有苦味浓、易挥发和潮解、见光分解析出游离碘而显黄色的缺点。而 KIO_3 具有化学性质稳定，常温下不挥发、不分解、不潮解，活性效果好，口感舒适，易生产等优点而被广泛采用。KIO_3 为无臭、无味、无色的晶体，溶于水，含碘量为 59.3%。由于 KIO_3 加热超过 560℃时开始分解，且在酸性介质中氧化性较强，遇到食品中某些还原性物质，如 Fe^{2+}、$C_2O_4^{2-}$，易被还原为单质碘，所以应注意生产条件。

$$2KIO_3 \xmid{\triangle} 2KI + 3O_2$$

$$12KIO_3 + 6H_2O \xmid{\triangle} 6I_2 + 12KOH + 15O_2$$

纯 KIO_3 晶体是有毒的，但在治疗剂量范围内（<60mg/kg）是有益而无害的。

【实验用品】

仪器：台秤，烧杯，抽滤装置，蒸发皿，电炉，电热板，坩埚，玻棒，试管，点滴板

试剂：粗盐，无水乙醇，含碘 200mg/mL 的标准 KIO₃ 溶液（称取 KIO₃ 0.0676g，溶于 200mL 的去离子水中），市售碘盐、碘检测液（将 800mL 1‰淀粉指示剂、8mL 85％的 H₃PO₄ 和 14g KSCN 混合），1‰淀粉指示剂，85％的 H₃PO₄，KSCN 晶体，0.1mol/L BaCl₂，铬黑 T，饱和 (NH₄)₂C₂O₄

【实验内容】

一、粗盐提纯（重结晶）

用台秤称取粗盐 15g，放入烧杯中，加入 50mL 去离子水，加热，使粗盐全部溶解后迅速抽滤。将滤液转入另一干净烧杯，继续加热，使溶液浓缩至 25mL 左右，要注意搅拌，以防烧杯底结垢。稍加冷却后再次抽滤，把所得自制精盐用玻棒转入蒸发皿，放在电热板上烘干，冷却后称重，计算产率。图 2-6 为碘盐制备流程图。

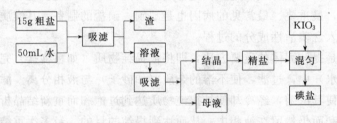

图 2-6　碘盐制备流程图

二、食盐加碘

用台秤称取自制精盐 5g，放入一干燥、洁净的坩埚中，逐滴加入 1mL 含碘 200mg/mL 的标准 KIO₃ 溶液，在加入 3mL 无水乙醇并搅拌均匀后，点燃酒精，待酒精燃尽并冷却后，即得加碘食盐。

三、碘盐与母液成分比较

同样取 0.5g 自制碘盐与粗盐，分别加入 10mL 去离子水，搅拌配成碘盐液与母液。各取 1mL 碘盐液与母液（取三次）入试管，进行以下检验，比较重结晶前后晶体成分的不同。

1. Ca²⁺ 的检验

在 2 支试管中分别加入 5 滴饱和 (NH₄)₂C₂O₄，观察白色 CaC₂O₄ 沉淀产生的多少，从而判断碘盐液与母液 Ca²⁺ 含量的不同。

2. Mg²⁺ 的检验

在 2 支试管中分别加入 1～2 滴饱和氨水和 1 滴铬黑 T 指示剂，观察溶液变红的程度，从而判断碘盐液与母液 Mg^{2+} 含量的不同。

3. SO_4^{2-} 的检验

自行设计方案，通过实验判断碘盐液与母液 SO_4^{2-} 含量的不同。

四、含碘浓度的测定

1. 标准色板的制备

取 10g 精盐 5 份，分别加入标准碘溶液 0.5、1.0、1.5、2.0、2.5（mL），低温烘干。再各取 1g 成品，放入点滴板 5 格中。分别加入 2 滴检测液，做成标准色板，含碘量分别为 10、20、30、40、50（mg/mL）。

2. 含碘量的测定

分别取 1g 自制精盐、自制碘盐和市售碘盐，放入点滴板 3 格中。分别加入 2 滴碘检测液，与教师做好的标准色板相比较，估计三者含碘量（注意点滴板孔径孔深要与教师的一致）。计算自制碘盐的理论含碘量，与实测值相比较，分析差距产生的原因。

【思考题】

1. 食盐重结晶过程中，为什么要不断搅拌？可否让溶液完全蒸干？
2. 简述抽滤操作过程及其注意事项。
3. 精盐加碘后，能否直接在酒精灯上蒸干？温度要控制在什么范围内？
4. 炒菜时放盐，能否直接加在沸油中？

注　碘盐的定性检测

碘盐中的碘是存在于 KIO_3 中的，以 IO_3^- 的形式存在。可通过如下方法检验加碘盐的真假。取少量样品，溶解于水中，加入 KI-淀粉溶液，最后滴加酸液。

现象：变蓝为真，无蓝为假。

所涉及的化学反应：

$$IO_3^- + 5I^- + 6H^+ = 3I_2 + 3H_2O$$
$$5KI + KIO_3 + 3H_2SO_4 = 3I_2 + 3K_2SO_4 + 3H_2O$$
$$KIO_3 + 5KI + 6HCl = 6KCl + 3I_2 + 3H_2O$$

KI 淀粉溶液的配制：2.5g 可溶性淀粉加水调和后，倾入 500mL 沸水中，煮沸至澄清。加入 2.5g KI，溶解后，用约 2mL 0.2mol/L NaOH 调节 pH 值达到 8～9，此溶液在 25℃稳定两周，备用。

实验十　硫酸亚铁铵的制备

【实验目的】

1. 根据有关原理及数据设计并制备复盐硫酸亚铁铵。
2. 进一步掌握水浴加热、溶解、过滤、蒸发、结晶等基本操作。
3. 了解检验产品中杂质含量的一种方法——目视比色法。

【实验原理】

硫酸亚铁铵又称摩尔盐，是浅蓝绿色单斜晶体，它能溶于水，但难溶于乙醇。在空气中它不易被氧化，比硫酸亚铁稳定，所以在化学分析中可作为基准物质，用来直接配制标准溶液或标定未知浓度溶液。

由硫酸铵、硫酸亚铁和硫酸亚铁铵在水中的溶解度数据可知，在一定温度范围内，硫酸亚铁铵的溶解度比组成它的每一组分的溶解度都小。因此，很容易从浓的硫酸亚铁和硫酸铵混合溶液中制得结晶状的摩尔盐 $FeSO_4 \cdot (NH_4)_2SO_4 \cdot 6H_2O$。在制备过程中，为了使 Fe^{2+} 不被氧化和水解，溶液需保持足够的酸度。

几种盐的溶解度数据　　　　　　　　　　　　　　　　　　g/100g H_2O

盐的相对分子质量 ＼ $T/℃$	10	20	30	40
$M_{(NH_4)_2SO_4} = 132.1$	73.0	75.4	78.0	81.0
$M_{FeSO_4 \cdot 7H_2O} = 277.9$	37.0	48.0	60.0	73.3
$M_{(NH_4)_2SO_4 \cdot FeSO_4 \cdot 6H_2O} = 392.1$		36.5	45.0	53.0

本实验是先将金属铁屑溶于稀硫酸制得硫酸亚铁溶液：

$$Fe + H_2SO_4 \longrightarrow FeSO_4 + H_2 \uparrow$$

然后加入等物质的量的硫酸铵制得混合溶液，加热浓缩，冷至室温，便析出硫酸亚铁铵复盐。

$$FeSO_4 + (NH_4)_2SO_4 + 6H_2O \longrightarrow FeSO_4 \cdot (NH_4)_2SO_4 \cdot 6H_2O$$

目视比色法是确定杂质含量的一种常用方法，在确定杂质含量后便能定出产品的级别。将产品配成溶液，与各标准溶液进行比色，如果产品溶液的颜色比某一标准溶液的颜色浅，就可确定杂质含量低于该标准溶液中的含量，即低于某一规定的限度，所以这种方法又称为限量分析。本实验仅做摩尔盐中 Fe^{3+} 的限量分析。

$$Fe^{3+} + nSCN^- \Longrightarrow Fe(SCN)_n^{(3-n)} (红色)$$

当红色较深时，表明产品中含 Fe^{3+} 较多；当红色较浅时，表明产品中含 Fe^{3+} 较少。所以，只要将所制备的硫酸亚铁铵晶体与 KSCN 溶液在比色管中配制成待测溶液，将它所呈现的红色与含一定 Fe^{3+} 量所配制成的标准 $Fe(SCN)_n^{(3-n)}$ 溶液的红色进行比较，根据红色深浅程度相仿情况，即可知待测溶液中杂质 Fe^{3+} 的含量，从而可确定产品的等级。

【实验用品】

仪器：台式天平，锥形瓶（150mL），烧杯，量筒（10mL、50mL），漏斗，漏斗架，蒸发皿，布氏漏斗，吸滤瓶，酒精灯，表面皿，水浴（可用大烧杯代替），比色管（25mL）

试剂：2mol/L HCl，3mol/L H_2SO_4，0.0100mg/mL 标准 Fe^{3+} 溶液（称取 0.0864g 分析纯硫酸高铁铵 $Fe(NH_4)(SO_4)_2 \cdot 12H_2O$ 溶于 3mL 2mol/L HCl 并全部转移到 1000mL 容量瓶中，用去离子水稀释到刻度，摇匀）。1mol/L KSCN，固体 $(NH_4)_2SO_4$，Na_2CO_3，铁屑，95%乙醇，pH 试纸

【实验内容】

一、铁屑的净化（除去油污）

用台式天平称取 2.0g 铁屑，放入小烧杯中，加入 15mL 质量分数 10% 的 Na_2CO_3 溶液。缓缓加热约 10min 后，用倾析法倾去 Na_2CO_3 碱性溶液，用自来水冲洗后，再用去离子水把铁屑冲洗洁净（如果用纯净的铁屑，可省去这一步）。

二、硫酸亚铁的制备

往盛有 2.0g 洁净铁屑的小烧杯中加入 15mL 3mol/L H_2SO_4 溶液，盖上表面皿，放在低温电炉中加热（在通风橱中进行）。在加热过程中应不时加入少量去离子水，以补充被蒸发的水分，防止 $FeSO_4$ 结晶出来；同时要控制溶液的 pH 值不大于 1（为什么？如何测量和控制？），使铁屑与稀硫酸反应至不再冒出气泡为止。趁热用普通漏斗过滤，滤液承接于洁净的蒸发皿中。将留在小烧杯中及滤纸上的残渣取出，用滤纸片吸干后称量。根据已作用的铁屑质量，算出溶液中 $FeSO_4$ 的理论产量。

三、硫酸亚铁铵的制备

根据 $FeSO_4$ 的理论产量，按关系式 $n[(NH_4)_2SO_4] : n[FeSO_4] = 1 : 1$ 计算并称取所需固体 $(NH_4)_2SO_4$ 的用量。在室温下将称出的 $(NH_4)_2SO_4$ 加入上面所制得的 $FeSO_4$ 溶液中，在水浴上加热搅拌，使硫酸铵全部溶解，调节 pH

值为 1～2，继续蒸发浓缩至溶液表面刚出现薄层的结晶时为止（蒸发过程中切不可搅拌）。自水浴锅上取下蒸发皿，放置，冷却后即有硫酸亚铁铵晶体析出。待冷至室温后用布氏漏斗减压过滤，用少量乙醇洗去晶体表面所附着的水分。将晶体取出，置于两张洁净的滤纸之间，并轻压以吸干母液；称量，计算理论产量和产率。产率计算公式如下：

$$产率 = \frac{实际产量/g}{理论产量/g} \times 100\%$$

四、产品检验

1. 选用实验方法证明产品中含有 NH_4^+、Fe^{2+} 和 SO_4^{2-}。

2. Fe^{3+} 的分析

称取 1.0g 产品置于 25mL 比色管中，加入 15mL 不含氧的去离子水溶解（怎么处理？），加入 2mL 2mol/L HCl 和 1mL 1mol/L KSCN 溶液，摇匀后继续加去离子水稀释至刻度，充分摇匀。将所呈现的红色与下列标准溶液进行目视比色，确定 Fe^{3+} 含量及产品标准。

在 3 支 25mL 比色管中分别加入 2mL 2mol/L HCl 和 1mL 1mol/L KSCN 溶液，再用移液管分别加入标准 Fe^{3+} 溶液（0.0100mg/mL）5mL、10mL、20mL，加不含氧的去离子水稀释溶液到刻度并摇匀。上述三支比色管中溶液 Fe^{3+} 含量所对应的硫酸亚铁铵试剂规格分别为：含 Fe^{3+} 0.05mg 的符合一级品标准，含 Fe^{3+} 0.10mg 的符合二级品标准，含 Fe^{3+} 0.20mg 的符合三级品标准。

【实验注意事项】

1. 在制备 $FeSO_4$ 时，应用试纸测试溶液 pH，保持 pH≤1，以使铁屑与硫酸溶液的反应能不断进行。

2. 在检验产品中 Fe^{3+} 含量时，为防止 Fe^{2+} 被溶解在水中的氧气氧化，可将蒸馏水加热至沸腾，以赶出水中溶入的氧气。

【思考题】

1. 在反应过程中，铁和硫酸哪一种应该过量，为什么？反应为什么要在通风橱中进行？

2. 混合液为什么要呈微酸性？

3. 限量分析时，为什么要用不含氧的水？写出限量分析的反应式。

4. 怎样才能得到较大的晶体？

实验十一　含铬废水的处理

【实验目的】

1. 了解化学还原法处理含铬工业废水的原理和方法。
2. 学习用分光光度法或目视比色法测定和检验废水中铬的含量。

【实验原理】

铬是毒性较高的元素之一。铬污染主要来源于电镀、制革及印染等工业废水的排放，以 $Cr_2O_7^{2-}$ 或 CrO_4^{2-} 形式的 Cr(Ⅵ) 和 Cr(Ⅲ) 存在。由于 Cr(Ⅵ) 的毒性比 Cr(Ⅲ) 大得多，对皮肤有刺激，可致溃烂，进入呼吸道会引起发炎或溃疡，饮用了含 Cr（Ⅵ）废水会导致贫血、神经炎等，Cr(Ⅵ) 还是一种致癌物质，因此，含铬废水处理的基本原则是先将 Cr(Ⅵ) 还原为 Cr(Ⅲ)，然后将其除去。国家规定废水中 Cr(Ⅵ) 的排放标准应小于 0.5mg/L。

对含铬废水处理的方法有离子交换法、电解法、化学还原法等。本实验采用铁氧体化学还原法。所谓铁氧体是指具有磁性的 Fe_3O_4 中的 Fe^{2+}、Fe^{3+}，部分地被与其离子半径相近的其他＋2 价或＋3 价金属离子（如 Cr^{3+}、Mn^{2+} 等）所取代而形成的以铁为主体的复合型氧化物。可用 $M_xFe_{(3-x)}O_4$ 表示，以 Cr^{3+} 为例，可写成 $Cr_xFe_{(3-x)}O_4$。

铁氧体法处理含铬废水的基本原理就是使废水中的 $Cr_2O_7^{2-}$ 或 CrO_4^{2-} 在酸性条件下与过量还原剂 $FeSO_4$ 作用生成 Cr^{3+} 和 Fe^{3+}，其反应为

$$Cr_2O_7^{2-} + 6Fe^{2+} + 14H^+ \longrightarrow 2Cr^{3+} + 6Fe^{3+} + 7H_2O$$

$$HCrO_4^- + 3Fe^{2+} + 7H^+ \longrightarrow Cr^{3+} + 3Fe^{3+} + 4H_2O$$

反应结束后加入适量碱液，调节溶液 pH 并适当控制温度，加少量 H_2O_2 或通入空气搅拌，将溶液中过量的 Fe^{2+} 部分氧化为 Fe^{3+}，得到比例适度的 Cr^{3+}、Fe^{2+} 和 Fe^{3+} 并转化为沉淀：

$$Fe^{3+} + 3OH^- \longrightarrow Fe(OH)_3 \downarrow$$

$$Fe^{2+} + 2OH^- \longrightarrow Fe(OH)_2 \downarrow$$

$$Cr^{3+} + 3OH^- \longrightarrow Cr(OH)_3 \downarrow$$

当形成的 $Fe(OH)_2$ 和 $Fe(OH)_3$ 的量的比例为 1∶2 左右时，可生成类似于 $Fe_3O_4 \cdot xH_2O$ 的磁性氧化物（铁氧体），其组成可写成 $\overset{2+3+}{Fe Fe_2}O_4 \cdot xH_2O$，其中部分 Fe^{3+} 可被 Cr^{3+} 取代形成 $Fe^{3+}[Fe^{2+}Fe_{(1-x)}^{3+}Cr_x^{3+}]O_4$ 的复合氧化物，即使 Cr^{3+} 成为铁氧体的组成部分而沉淀下来。沉淀物经脱水等处理后，即可得到组

成符合铁氧体组成的复合物。

铁氧体法处理含铬废水效果好，投资少，简单易行，沉渣量少且稳定，含铬铁氧体是一种磁性材料，可用于电子工业，既保护了环境，又利用了废物。

为检查废水处理的结果，常采用比色法分析水中的铬含量。其原理为：Cr(Ⅵ) 在酸性介质中与二苯基碳酰二肼反应生成紫红色配合物，该配合物溶于水，其溶液颜色对光的吸收程度与 Cr(Ⅵ) 的含量成正比。只要把样品溶液的颜色与标准系列的颜色比较（目视比较）或用分光光度计测出此溶液的吸光度，就能确定样品中 Cr(Ⅵ) 的含量。

$$\text{NHNH}-\overset{\displaystyle \overset{|}{\underset{\displaystyle O}{C}}}{}-\text{NHNH}$$

（二苯基碳酰二肼）

如果水中有 Cr(Ⅲ)，可在碱性条件下用 $KMnO_4$ 将 Cr(Ⅲ) 氧化为 Cr(Ⅵ)，然后再测定。

为防止溶液中 Fe^{2+}、Fe^{3+} 及 Hg_2^{2+}、Hg^{2+} 等的干扰，可加入适量的 H_3PO_4 消除。

【实验用品】

仪器：分光光度计，比色管（25mL，10 支），比色管架，台式天平（公用），酒精灯，三脚架，石棉铁丝网，碱式和酸式滴定管（25mL 各 1 个），容量瓶（50mL），量筒（10mL，50mL），烧杯（400mL，250mL），滤纸，磁铁，温度计（100℃）。

试剂：3mol/L H_2SO_4，H_2SO_4-H_3PO_4 混酸 [15％ H_2SO_4 ＋15％ H_3PO_4 ＋70％ H_2O（体积比）]，6mol/L NaOH，3％ NaOH，10％ $FeSO_4 \cdot 7H_2O$，10.0mg/L $K_2Cr_2O_7$ 标准溶液，0.05mol/L $(NH_4)Fe(SO_4)_2$ 标准溶液，3％ H_2O_2，1％二苯胺磺酸钠，0.1％二苯基碳酰二肼溶液，pH 试纸，含铬废水（可自配：1.6g $K_2Cr_2O_7$ 溶于 1000mL 自来水中）。

【实验内容】

一、含铬废水中 Cr(Ⅵ) 的测定

用移液管移取 25.00mL 含铬废水于锥形瓶中，依次加入 10mL H_2SO_4-H_3PO_4 混酸和 30mL 蒸馏水，滴加 4 滴二苯胺磺酸钠指示剂并摇匀。用标准 $(NH_4)_2Fe(SO_4)_2$ 溶液滴定至溶液刚由红色变为绿色为止，记录滴定剂耗用体积，平行测定 2 份，求出废水中 $Cr_2O_7^{2-}$ 的浓度。

二、含铬废水的处理

1. 取 100mL 含铬废水于 250mL 烧杯中，在不断搅拌下滴加 3mol/L H_2SO_4

调整至 pH 值约为 1，然后加入 10％的 $FeSO_4$ 的溶液，直至溶液颜色由浅蓝色变为亮绿色（为什么？）为止。

2. 往烧杯中继续滴加 6mol/L NaOH 溶液，调节 pH＝8～9，然后将溶液加热至 70℃左右，在不断搅拌下滴加 6～10 滴 3％的 H_2O_2，充分搅拌后冷却静置，使 Fe^{2+}、Fe^{3+}、Cr^{3+} 的氢氧化物沉淀沉降。

3. 用倾析法将上层清液转入另一烧杯中以备测定残余 Cr(Ⅲ)。沉淀用蒸馏水洗涤数次，以除去 Na^+、K^+、SO_4^{2-} 等离子，然后将其转移到蒸发皿中，用小火加热，并不时搅拌沉淀蒸发至干。待冷却后，将沉淀物均匀地摊在干净白纸上，另用纸将磁铁裹住，与沉淀物接触，检查沉淀物的磁性。

三、处理后水质的检验

1. 配制 Cr(Ⅵ) 溶液标准系列和制作工作曲线

用酸式滴定管准确取 $K_2Cr_2O_7$ 标准溶液 0.00、1.00、2.00、3.00、4.00、5.00（mL）分别注入 50mL 容量瓶中并编号，用洗瓶冲洗瓶口内壁，加入 20mL 蒸馏水，10 滴 H_2SO_4-H_3PO_4 混酸和 3mL 0.1％二苯基碳酰二肼溶液，最后用蒸馏水稀释至刻度摇匀（观察各溶液显色情况），此时瓶中含 Cr(Ⅵ) 量分别为 0.000，0.200，0.400，0.600，0.800，1.00（mg/L）。采用 1cm 比色皿，在 540nm 处，以空白（1 号）作为参比，用分光光度计测定（参见 1.3.4）各瓶溶液吸光度（A），以 Cr(Ⅵ) 含量为横坐标，A 为纵坐标作图，即得到工作曲线。

2. 处理后水中 Cr(Ⅵ) 含量的检验

将本实验二、3. 中的上层清液（若有悬浮物应过滤）取 10mL 2 份于两个 50mL 容量瓶中（编号 7、8），以下操作同三、1.，测出处理后水样的吸光度值，从工作曲线上查出相应的 Cr(Ⅵ) 的浓度，然后求出处理后水中残留 Cr(Ⅵ) 的含量，确定是否达到国家工业废水的排放标准（＜0.5mg/L）。

【实验注意事项】

1. 在含铬废水的处理实验中，pH 的调整一定要控制好，否则将影响铁氧体的组成和 Cr(Ⅵ) 的还原。

2. H_2SO_4（浓）：H_3PO_4（浓）：H_2O＝15：15：70（体积比）。

3. 将重铬酸钾（分析纯）在 100～120℃的烘箱中干燥 2h。准确称取 0.1410g，使溶于少量去离子水中，将溶液全部移入 500mL 容量瓶内，用去离子水稀释到刻度，摇匀。然后将该溶液再稀释 10 倍（准确）。该溶液每升＋6 价铬的含量为 10.0mg，即 10ppm。

4. H_2O_2 溶液最好是新配制的，并储存于棕色瓶中。

5. 二苯基碳酰二肼溶液的配制：称取 0.1g 二苯基碳酰二肼，加入 50mL 95％乙醇溶液。待溶解后，再加入 200mL 10％（体积）H_2SO_4 溶液，摇匀。二苯基碳酰二肼不很稳定，见光容易变质，应储存于棕色瓶（不用时，置于冰箱）中。该溶液应为无色。若溶液已显微红色，则不应再使用。所以该试剂最好随用随配。

6. 若无工业含铬废水，则可配制一定范围浓度的 $K_2Cr_2O_7$ 溶液代替之。本实验可称取 $1.4 \sim 1.5g$ $K_2Cr_2O_7$ 溶于 $1000mL$ 去离子水中，作为含铬废水。

【思考题】

1. 在实验中，测吸光度使用（　　）仪器，在使用它时，打开暗盒盖调指针至（　　），盖上暗盒盖调指针至（　　）。

2. 处理含铬废水时，加 $FeSO_4$ 前要先酸化到 pH 值约为（　　），加 $FeSO_4$ 后加 NaOH 调节 pH 值约为（　　）。

3. 加 H_2O_2 的目的是使部分（　　）氧化为（　　）。

4. 本实验中所测定的 Cr 的化学形态是（　　）。

实验十二　茶叶中提取咖啡因

【实验目的】

1. 通过从茶叶中提取咖啡因的实验，熟悉从植物中提取生物碱的一般原理和方法。

2. 学习用升华法或溶剂萃取法提纯有机化合物的操作技术。

【实验原理】

凡从天然植物或动物资源衍生出来的有机物称天然有机化合物，种类繁多。根据它们结构特征一般可分成四大类，即碳水化合物、类脂化合物、萜类和甾体化合物及生物碱。人类对自然界存在的天然有机化合物的利用具有悠久的历史。一些植物在日常生活中用来治病，如奎宁曾经拯救了千百万疟疾患者的生命，黄连素至今仍是治疗肠胃炎最常用的药物，吗啡碱是一个最早使用的镇痛剂；另一些植物则产生有价值的调味品、香料和染料。寻求具有特殊结构与特性并用于人类健康的天然有机化合物一直是人们十分关注的课题。

天然有机化合物的分离、提纯和鉴定是一项十分复杂的工作。有机化学中常用的一些实验手段如溶剂萃取、蒸馏和结晶等曾经在天然有机化合物的分离过程中发挥了重要的作用。现在各种色谱方法如纸色谱、柱色谱、气相色谱、高效液相色谱等已越来越普遍地应用于天然有机化合物的分离和提纯。质谱、红外、紫外、核磁共振等波谱技术的应用已使结构的测定大为方便，仿天然有机化合物的合成已取得令人瞩目的成果。

我国幅员辽阔，中草药及农林废弃物资源极为丰富，开展这些资源的综合利用研究，变废为宝，改善环境，造福人类是极为必要的。

茶叶中含有多种生物碱，咖啡因是茶叶中主要的生物碱，对中枢神经具有兴奋作用，质量分数约为 $1\%\sim5\%$。茶叶中还含有少量茶碱、可可碱、茶多酚、有机酸、蛋白质、色素和纤维素等成分。咖啡因的化学名称是 1,3,7-三甲基-2,6-二氧嘌呤，其结构式如下：

$$
\begin{array}{c}
\text{H}_3\text{C} \\
\end{array}
$$

含结晶水的咖啡因（$C_8H_{10}O_2N_4$）为无色针状结晶，味苦，具有弱碱性，能溶于冷水和乙醇，易溶于热水、氯仿等。提取茶叶中的咖啡因，可以用乙醇为溶剂，在 Soxhlet（索氏）提取器（又名脂肪抽提器）中连续抽提，然后蒸出溶剂；也可将茶叶与水一起充分煮沸后，再将茶汁浓缩，即得粗咖啡因。

升华是将具有较高蒸气压的固体物质，在加热到熔点以下，不经过熔融状态就直接变成蒸气，蒸气变冷后，又直接变为固体的过程。升华是精制某些固体化合物的方法之一。能用升华方法精制的物质。必须满足以下两个条件：

① 被精制的固体要有较高的蒸气压，在不太高的温度下应具有高于 67kPa （20mmHg）的蒸气压。

② 杂质的蒸气压应与被纯化的固体化合物的蒸气压之间有显著的差异。

升华方法制得的产品通常纯度较高，但损失也较大。含结晶水的咖啡因加热至 100℃时失去结晶水，开始升华，120℃时显著升华，至 176℃时迅速升华。无水咖啡因的熔点为 235℃。

【实验内容】

一、咖啡因的提取

用滤纸做一比 Soxhlet 提取器提取筒内径稍小的圆柱状纸筒，装入 10g 茶叶并折叠封住开口端，放入提取筒。安装 Soxhlet 提取装置（图 2-7），加入 100mL 95％乙醇提取剂，置于电加热套上加热回流，在循环提取的过程中，所要提取的物质便溶于溶剂因虹吸作用而集中到下面的烧瓶里。当被提取物已大部分被提取后，停止加热，待冷凝器中无溶剂回流下来时，关闭冷却水。用普通蒸馏装置回收提取液中大部分乙醇（或用旋转蒸发），把残液倒入蒸发皿中，拌入 3～4g 生石灰粉。

将蒸发皿置于酒精灯或电加热套上加热至干，小心焙炒片刻，除尽水分。冷却后擦去沾在蒸发皿边沿的粉末，以免升华时污染产品。

将上述蒸发皿上盖上一张刺有小孔的圆滤纸，在上面罩上干燥的玻璃漏斗（漏斗颈部塞少许脱脂棉以减少咖啡因蒸气逸出），见图 2-8。在酒精灯或电加热套上小心加热使咖啡因升华。当漏斗内出现白色烟雾，滤纸上出现白色毛状结晶时，停止加热，冷却，用小匙收集滤纸上及漏斗内壁的咖啡因。残渣经搅拌后用较高的温度再加热片刻，使升华完全，合并两次收集的咖啡因。

二、咖啡因的鉴定

1. 与生物碱试剂：取咖啡因结晶的一半于小试管中，加 4mL 水，微热，使固体溶解。分装于 2 支试管中，一支加入 1～2 滴 5％鞣酸溶液，记录现象（咖啡因属于嘌呤衍生物，可被生物碱试剂鞣酸作用生成白色沉淀）。另一支加 1～2 滴 10％盐酸（或 10％ 硫酸），再加入 1～2 滴碘-碘化钾试剂，记录现象（得到红褐色的沉淀）。

2. 氧化：在表面皿剩余的咖啡因中，加入 30％ H_2O_2 8～10 滴，置于水浴上蒸干，记录残渣颜色。再加一滴浓氨水于残渣上，观察并记录颜色有何变化？
[咖啡因可被过氧化氢、氯酸钾等氧化剂氧化，生成四甲基偶嘌呤（将其用水浴
蒸干，呈玫瑰色），后者与氨作用即生成紫色的紫脲铵。该反应是嘌呤类生物碱
的特性反应。]

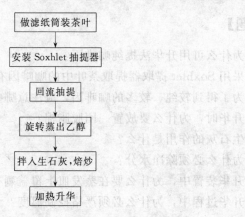

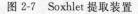

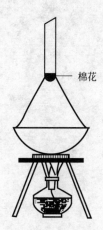

图 2-7　Soxhlet 提取装置　　　　　图 2-8　升华装置

【注释】

1. 滤纸套大小既要紧贴器壁又要能方便取放，其高度不得超过虹吸管，滤纸包茶叶末时要严防漏出而堵塞虹吸管，纸套上面盖一层滤纸，以保证回流液均匀浸透被萃取物。

2. 若虹吸下来的提取液颜色很淡，即可停止提取。

3. 生石灰起中和作用，以除去部分杂质。

4. 如留有少量水分，将会在下一步升华开始时带来一些烟雾，污染器皿。

5. 在萃取回流充分的情况下，升华操作是实验成败的关键，在升华的过程中始终都须严格控制加热温度，温度太高、会使被烘物炭化，把一些有色物带出来，使产品不纯。进行再升华时，加热温度也应严格控制，否则使被烘物大量冒烟，导致产物不纯和损失。

【思考题】

1. 为什么可用升华法提纯咖啡因？
2. 采用 Soxhlet 提取器提取茶叶中的咖啡因有什么优点？
3. 为了得到较纯、较多的咖啡因，应注意哪些操作过程？
4. 升华时，为什么要放置一团脱脂棉？
5. 生石灰的作用是什么？
6. 为什么必须除净水分？
7. 升华装置中，为什么要在蒸发皿上覆盖刺有小孔的滤纸？
8. 升华过程中，为什么必须严格控制温度？

实验十三　日常食品的质量检测

【实验目的】

1. 了解葡萄糖含量的测定。
2. 了解掺假牛奶、蜂蜜的鉴别方法。
3. 了解一些食品中有害元素的鉴定。

【实验原理】

一、葡萄糖含量的测定

次碘酸钠（NaIO）可定量地把葡萄糖（$C_6H_{12}O_6$）氧化为葡萄糖酸（$C_6H_{12}O_7$）。在酸性条件下，过量的次碘酸钠会变成单质碘（I_2）而析出。因此，只要用硫代硫酸钠（$Na_2S_2O_3$）标准溶液滴定析出的碘，就可计算出葡萄糖的含量。次碘酸钠可用碘与氢氧化钠作用生成。其主要反应为：

$$I_2 + C_6H_{12}O_6 + 2NaOH \longrightarrow C_6H_{12}O_7 + 2NaI + H_2O$$

$$3NaIO \longrightarrow NaIO_3 + 2NaI$$

$$NaIO_3 + 5NaI + 6HCl \longrightarrow 3I_2 + 6NaCl + 3H_2O$$

$$I_2 + 2Na_2S_2O_3 \longrightarrow Na_2S_4O_6 + 2NaI$$

二、掺假食品的鉴别

1. 牛奶中掺豆浆的检查

牛奶是一种营养丰富、老少皆宜的食品。正常牛奶为白色或浅黄色均匀胶状液体，无沉淀、无凝块、无杂质，具有轻微的甜味和香味，其成分见表2-8。

表 2-8　牛奶成分

成分	水	脂肪	蛋白质	酪蛋白	乳糖	白蛋白	灰分
含量/%	87.35	3.75	3.40	3.00	4.75	0.40	0.75

如果在牛奶中掺入了豆浆，尽管此时牛奶的密度、蛋白质含量变化不大，可能仍在正常范围内，但由于豆浆中含约25%碳水化合物（主要是棉籽糖、水苏糖、蔗糖、阿拉伯半乳聚糖等），它们遇碘后显乌绿色，所以利用这种变化可定性地检查牛奶中是否掺有豆浆。

2. 掺蔗糖蜂蜜的鉴定

蜂蜜是人们喜爱的营养保健食品，正常蜂蜜的密度约为 1.401～1.433g/mL，主要成分中葡萄糖和果糖约 65%～81%，蔗糖约 8%，水约 16%～25%，糊精、非糖物质、矿物质和有机酸等约 5%，此外还含有少量酵素、芳香物质、维生素及花粉粒等。因所采花粉不同,其成分也有一定差异。

人为地在蜂蜜中掺入价廉熬成糖浆的蔗糖,外观上也会出现一些变化。一般这种掺糖蜂蜜色泽比较鲜艳,大多呈浅黄色,味淡,回味短,且糖浆味较浓。用化学方法可鉴别蜂蜜是否掺蔗糖,方法是取样品加水搅拌,如果有浑浊或沉淀再加 $AgNO_3$(1%),若有絮状物产生,即为掺蔗糖蜂蜜。

3. 亚硝酸钠与食盐的区别

亚硝酸钠($NaNO_2$)是一种白色或浅黄色晶体或粉末,有咸味,很像食盐,如果用亚硝酸钠当食盐使用制作腌腊食品和卤食品是十分有害的。如果误食 $0.3\sim0.5g$ 亚硝酸钠就会中毒,食后 10min 就会出现明显的中毒症状:呕吐、腹痛、紫绀、呼吸困难,甚至抽搐,严重时还会危及生命。亚硝酸钠不仅有毒,而且还是致癌物,对人体健康危害很大。利用 $NaNO_2$ 在酸性条件下氧化 KI 生成单质碘的反应如下:

$$2NaNO_2 + 2KI + 2H_2SO_4 === 2NO + I_2 + K_2SO_4 + Na_2SO_4 + 2H_2O$$

单质碘遇淀粉显蓝色,就可以把亚硝酸钠与食盐区别开。

三、食品中的微量有害元素的鉴定

1. 油条中微量铝的鉴定

油条(油饼)是大多数人经常食用的大众化食品。为了使油条松脆可口,揉制油条面剂时,每 500g 面粉约加入 10g 明矾 $[KAl(SO_4)_2\cdot12H_2O]$ 和若干苏打(Na_2CO_3),在高温油炸过程中,明矾和苏打发生以下反应如下:

$$Al^{3+} + 3H_2O === Al(OH)_3 + 3H^+$$

$$2H^+ + CO_3^{2-} === H_2O + CO_2\uparrow$$

由于 CO_2 大量产生,使油条面剂体积迅速膨胀,并在表面形成一层松脆的皮膜,非常好吃。

但是,近年来医学界研究发现,吃入体内的铝对健康危害很大,能引起痴呆、骨痛、贫血、甲状腺功能降低、胃液分泌减少等多种疾病。摄入过量的铝还会影响人体对磷的吸收和能量代谢,降低生物酶的活性。而且铝不仅能引起神经细胞的死亡,还能损害心脏。当铝进入人体后,可形成牢固的、难以消化的配位化合物,使其毒性增加。因此,人们要警惕从油饼食物中摄入过量的铝。

取小块油饼切碎后经灼烧成灰,用 6mol/L HNO_3 浸取,浸取液加巯基乙酸溶液,混匀后,加铝试剂缓冲液,加热观察到特征的红色溶液生成,样品中即含有铝。

2. 皮蛋中铅的鉴定

皮蛋是一种具有特殊风味的食品,但往往受铅的污染。而铅及其化合物具有较大毒性,在人体内还有积累作用,会引起慢性中毒。

在一定条件下，铅离子能与双硫腙形成一种红色配合物：

$$Pb^{2+} + 2S=C \begin{matrix} HN—NH \\ \\ N=N \\ C_6H_5 \end{matrix} \longrightarrow S=C \begin{matrix} C_6H_5 \quad C_6H_5 \\ HN—N \quad N=N \\ Pb \\ N=N \quad N—NH \\ C_6H_5 \quad C_6H_5 \end{matrix} C=S + 2H^+$$

由于双硫腙是一种广泛配位剂，用它测定 Pb^{2+} 时，必须考虑其他金属离子的干扰作用，通过控制溶液的酸度和加入掩蔽剂可加以消除。用氨水调节试液 pH 值到 9 左右，此时 Pb^{2+} 与双硫腙形成红色配合物；加盐酸羟胺还原 Fe^{3+}，并用柠檬酸铵掩蔽 Fe^{2+}、Sn^{2+}、Cd^{2+}、Cu^{2+} 等，用 $CHCl_3$ 萃取后，铅的双硫腙配合物萃取入 $CHCl_3$ 中，干扰离子则留在水溶液中。

【实验用品】

仪器：容量瓶（100mL），移液管（1mL，25mL），酸式滴定管，锥形瓶，试管，坩埚，电炉，高温电炉（马弗炉），水浴（恒温箱），组织捣碎机，蒸发皿，烘箱，布氏漏斗，抽滤瓶，研钵，筛（40 目），锥形瓶（50mL），酒精灯，H_2S 发生器

试剂：见表 2-9。

表 2-9　实验所用试剂

试剂名	浓度	试剂名	浓度	试剂名	浓度	试剂名	浓度
HCl	2mol/L	NaCl	固体	KI	0.1mol/L	$CHCl_3$	
NaOH	0.2mol/L	食盐水	浓	铝试剂	缓冲液	$Pb(Ac)_2$	0.1mol/L
$Na_2S_2O_3$	0.05mol/L	H_2SO_4	2mol/L	柠檬酸铵	20%	$K_2Cr_2O_7$	0.02mol/L
	标准溶液	H_2SO_4	浓	盐酸羟胺	20%	H_2O_2	30%
I_2	0.05mol/L	HNO_3	6mol/L	双硫腙	$CHCl_3$	$K_2S_2O_8$	2%
淀粉溶液	0.5%	HNO_3	1mol/L		溶液0.002%	KSCN	20%
碘水		HCl	6mol/L	氨水	1:1	$Na_2S_2O_3$	25%
$AgNO_3$	1%	HCl	1mol/L	KOH	10mol/L	碘酒	
$NaNO_2$	固体	Na_2SO_3	固体	铅白	[$2PbCO_3 \cdot$	酒精	
$KMnO_4$	固体	漂白粉	固体		$Pb(OH)_2$]	缓冲溶液	pH=4.74
碘	固体	巯基乙酸	0.8%	H_2S			

其他用品：正常牛奶，掺豆浆牛奶，掺蔗糖蜂蜜，（加明矾的）油条，松花蛋

铝试剂溶液（0.5g/L）配制：称取 0.25g 铝试剂和 5.0g 阿拉伯胶，加 250mL 水，温热至溶解后再加 87.0g 乙酸铵，待乙酸铵溶解后，另加 145mL 盐酸溶液（15%），稀释至 500mL。必要时过滤。该溶液使用有效期为 1 个月。

【实验内容】

一、葡萄糖含量的测定

量取 1.0mL 的 5‰ 葡萄糖注射液于 100mL 容量瓶并用去离子水稀释到刻度，摇匀后移取 25.0mL 于锥形瓶中，准确加入现标定的 I_2 标准溶液 25.0mL，然后慢慢滴加 0.02 mol/L NaOH，边加边摇，直至溶液呈淡黄色（注意加碱的速度不能太快，否则生成的 NaIO 来不及氧化葡萄糖而使测定结果偏低）。用表面皿盖好锥形瓶放置 10～15min，然后加 HCl 使呈酸性，立即用 $Na_2S_2O_3$ 标准溶液滴定，呈浅黄色时加入 2mL 淀粉溶液，继续滴定至溶液蓝色刚好消失即为终点，记录读数并计算葡萄糖含量。

$$w_{C_6H_{12}O_6} = \frac{(2c_{I_2}V_{I_2} - c_{Na_2S_2O_3}V_{Na_2S_2O_3}) \times M_{C_6H_{12}O_6}}{2000 \times 25.0} \times 100\%$$

二、掺假食品的鉴别

1. 牛奶中掺豆浆的检查

取两支试管分别加入正常牛奶和掺豆浆牛奶各 2mL，再加入 2～3 滴碘水，混匀后观察两支试管中颜色的不同变化。正常牛奶显橙黄色，而掺豆浆牛奶则显乌绿色。

2. 掺蔗糖蜂蜜的鉴定

在一支试管中加入掺糖蜂蜜样品约 1mL，再加水约 4mL，振荡搅拌，如有浑浊或沉淀，再滴加 2 滴 1‰ $AgNO_3$，若有絮状物产生就证明此蜂蜜中掺有蔗糖。

3. 亚硝酸钠与食盐的区别

取两支试管分别加入少量 $NaNO_2$ 固体和 NaCl 固体，再加入 2mol/L H_2SO_4 和 0.1mol/L KI，观察两支试管中不同的实验现象，再用新配制的淀粉溶液鉴别。

三、食品中微量有害元素的鉴定

1. 油条中微量铝的鉴定

取一小块油条切碎放入坩埚内，在电炉上低温炭化，待浓烟散尽，放入高温炉（炉温约 500℃）中灰化，到坩埚内物质呈白色灰状时，停止加热。冷却后加入约 2mL 6mol/L HNO_3，在水浴上加热蒸发至干，把所得产物加水溶解。用一支试管取约 2mL 所得溶液，加 5 滴 0.8% 巯基乙酸溶液，摇匀后，加约 1mL 铝试剂（枚红三羧酸铵）缓冲溶液，再摇匀，并放入热水浴中加热。观察到生成红色溶液，即证明样品中含有铝。

2. 皮蛋中铅的鉴定

取一个松花蛋剥去蛋壳后，放入高速组织捣碎机中，按 2：1 的蛋水比加水，捣成匀浆。把所有匀浆倒入蒸发皿中，先在水浴上蒸发至干，然后放在电炉上小心炭化至无烟后，移入高温炉内，在约 550℃ 灰化至呈白色灰烬。取出冷却后，加 1∶1 HNO_3 溶解所得灰分。

取所得样品溶液约 2mL，加入 2mL 1％ HNO_3、2mL 20％柠檬酸铵和 1mL 20％盐酸羟胺，用 1∶1 氨水调节溶液 pH≈9，再加入 5mL 双硫腙溶液，剧烈摇动约 1min，静置分层后，观察有机溶剂（$CHCl_3$）层中红色配合物的生成。

【思考题】

1. 碘量法测定葡萄糖含量的主要误差有哪些？应怎样避免？

2. 正常牛奶与掺豆浆牛奶的主要差别是什么？如何鉴别？

3. 如何区别正常蜂蜜与掺糖蜂蜜？

4. 认识亚硝酸钠当食盐使用的危害，利用它们哪些不同的化学性质加以区别？

5. 指出铝对人体健康的危害，如何鉴定食品中含有的铝？

6. 用什么方法鉴定食物中少量有害元素铅的存在？

实验十四 常见阴、阳离子的分离和鉴定

【实验目的】

1. 掌握常见阳离子、阴离子的基本性质。
2. 了解常见阳离子、阴离子的分离方法。
3. 了解常见阳离子、阴离子的鉴定方法。

【实验原理】

一般在鉴定溶液中的某种离子时，常根据被鉴定离子在水溶液中与试剂离子反应，是否生成具有某些特殊性质（如沉淀的生成或溶解，溶液颜色的改变，有气体产生等）的新化合物，来确定被鉴定离子存在与否。本实验就是根据常见阳离子、阴离子的性质，探讨其分离、鉴定的简便方法。

本实验分离、鉴定的阳离子均能与 NaOH 反应生成氢氧化物沉淀，根据它们生成氢氧化物沉淀所需的 pH 值不同的原理，可通过控制 pH 值的大小来将其分离开，然后再利用各离子的特性逐一鉴定。反应方程式如下：

$$Fe^{3+} + [Fe(CN)_6]^{4-} \longrightarrow [Fe(CN)_6Fe]^-$$

$$2Mn^{2+} + 5BiO_3^- + 14H^+ \longrightarrow 2MnO_4^- + 5Bi^{3+} + 7H_2O$$

在 pH=10 的溶液中，Mg^{2+} 与铬黑 T 的反应为：

$$HIn^{2-}(蓝色) + Mg^{2+} \Longrightarrow MgIn^-(红色) + H^+$$

$$\frac{1}{2}Zn^{2+} + \underset{N=N-C_6H_5}{\overset{HN-NH-C_6H_5}{C=S}} \longrightarrow \underset{N=N-C_6H_5}{\overset{HN-NH-C_6H_5}{C=S \rightarrow Zn^{2+}/2}}$$

本实验鉴定的阴离子为常见离子，可采用其典型的特征反应进行鉴定。

$$Hg^{2+} + 2I^- \Longrightarrow HgI_2(红色)$$

$$HgI_2 + 2I^- \Longrightarrow [HgI_4]^{2-}(无色)$$

【实验用品】

仪器：试管，离心试管，离心机

试剂：见表 2-10。

表 2-10　实验所用试剂

试　剂	浓　　度	试　剂	浓　　度	试　剂	浓　　度
HCl	2mol/L	$ZnSO_4$	0.1mol/L	$HgCl_2$	0.1mol/L
NaOH	2mol/L	$CrCl_3$	0.1mol/L	$CuCl_2$	0.1mol/L
$NH_3 \cdot H_2O$	6mol/L	$MnSO_4$	0.1mol/L	$K_4[Fe(CN)_6]$	0.1mol/L
$MgCl_2$	0.1mol/L	$BaCl_2$	0.1mol/L	Na_2S	0.1mol/L
$Fe_2(SO_4)_3$	0.1mol/L	$AgNO_3$	0.1mol/L	Na_2SO_4	0.1mol/L
NaCl	0.1mol/L	KI	0.1mol/L	H_2O_2	3%

二苯硫腙溶液（1～2mg 二苯硫腙溶于 100mL CCl_4 中），铬黑 T 溶液，$NaBiO_3$ 晶体

【实验内容】

一、阳离子的分离、鉴定

将 5mL Mg^{2+}、Fe^{3+}、Zn^{2+} 的混合溶液［先在试管中加入 3mL 去离子水，然后依次加入 10 滴 0.1mol/L $MgCl_2$、0.1mol/L $Fe_2(SO_4)_3$、0.1mol/L $ZnSO_4$ 溶液］，注入试管 1 中，参照以下步骤进行分离和鉴定。

1. Mg^{2+}、Fe^{3+}、Zn^{2+} 的分离

（1）在混合液中逐滴加入 NaOH 溶液，直到混合液中产生沉淀、并使其 pH=4 时止，然后离心分离。把上清液移到另一试管 2 中。沉淀用去离子水洗涤 2 遍后，记为沉淀 1，留待下面分析。

（2）往试管 2 的上清液中继续逐滴加入 NaOH 溶液，直到溶液中产生沉淀、并使其 pH=8 时止，把上清液移到另一试管 3 中；沉淀用去离子水洗涤 2 遍后，记为沉淀 2，留待下面分析。

2. Mg^{2+}、Fe^{3+}、Zn^{2+} 的鉴定

（1）Fe^{3+} 的鉴定　取沉淀 1 加入去离子水及几滴盐酸，振荡试管使沉淀溶解。然后加入 $K_4[Fe(CN)_6]$ 溶液，如有深蓝色沉淀，证明有 Fe^{3+}。

（2）Zn^{2+} 的鉴定　取沉淀 2 加入去离子水及几滴 NaOH 溶液，振荡试管使沉淀溶解。然后滴入 5 滴二苯硫腙溶液，并在水浴上加热，如试管中水相呈粉红色，证明有 Zn^{2+}。

（3）Mg^{2+} 的鉴定　取试管 3 中的上清液 1mL 滴加 NaOH 溶液，使其 pH=10，然后加入 2 滴铬黑 T 溶液，如溶液呈红色，证明有 Mg^{2+}。

3. Cr^{3+}、Mn^{2+} 的鉴定

（教师配制含有 Cr^{3+} 的待测液 1 和含有 Mn^{2+} 的待测液 2）

（1）Cr^{3+} 的鉴定　先在试管中滴入 10 滴待测液 1，滴加 2mol/L NaOH 溶

液至沉淀消失为止；再滴入 3‰ H_2O_2 溶液，然后在水浴中加热至溶液颜色转变为黄色；再滴入 5 滴 $AgNO_3$ 溶液，有砖红色沉淀者，证明有 Cr^{3+}。

（2）Mn^{2+} 的鉴定　先在试管中滴入 10 滴待测液 2，滴入 1 滴 2mol/L HCl 溶液，然后加入少量 $NaBiO_3$ 晶体，溶液颜色转变为紫红色者，证明有 Mn^{2+}。

二、阴离子的鉴定

1. SO_4^{2-} 的鉴定

取待测液 2mL，加入几滴 $BaCl_2$，观察现象。如有白色沉淀，证明有 SO_4^{2-} 存在。

2. Cl^- 的鉴定

取待测液 2mL，加入几滴 $AgNO_3$，观察现象。如有白色沉淀，然后加入氨水沉淀能溶解，证明有 Ag^+ 存在。

3. I^- 的鉴定

取 1mL $HgCl_2$ 溶液，逐滴加入待测液，观察现象。如先有红色沉淀，后沉淀又溶解，证明有 I^- 存在。

4. S^{2-} 的鉴定

取待测液 2mL，加入几滴 $CuCl_2$，观察现象。如有黑色沉淀，证明有 S^{2-} 存在。

【思考题】

1. 已知 S^{2-}、SO_4^{2-} 阴离子混合液，如何分离和鉴定？
2. 若溶液中存在有 Cl^-、I^-，如何分离和鉴定？
3. Cr^{3+}、Mn^{2+} 能否用与 NaOH 反应生成氢氧化物沉淀的方法分离？

实验十五 COD 的测量

【实验目的】

1. 了解水体被有机物污染的可能途径和污染程度。
2. 掌握 COD 的重铬酸钾测定方法。

【实验原理】

所谓化学需氧量（COD），是在一定的条件下，采用一定的强氧化剂处理水样时，所消耗的氧化剂量换算成氧气的量。它是表示水中还原性物质多少的一个指标。水中的还原性物质有各种有机物、亚硝酸盐、硫化物、亚铁盐等。但主要的是有机物。因此，化学需氧量（COD）又往往作为衡量水中有机物质含量多少的指标。化学需氧量越大，说明水体受有机物的污染越严重。化学需氧量（COD）的测定，随着测定水样中还原性物质以及测定方法的不同，其测定值也有不同。目前应用最普遍的是酸性高锰酸钾氧化法与重铬酸钾氧化法。高锰酸钾（$KMnO_4$）法，氧化率较低，但比较简便，在测定水样中有机物含量的相对比较值时，可以采用。重铬酸钾（$K_2Cr_2O_7$）法，氧化率高，再现性好，适用于测定水样中有机物的总量。

有机物对工业水系统的危害很大。含有大量的有机物的水在通过除盐系统时会污染离子交换树脂，特别容易污染阴离子交换树脂，使树脂交换能力降低。有机物在经过预处理时（混凝、澄清和过滤），约可减少 50％，但在除盐系统中无法除去，故常通过补给水带入锅炉，使炉水 pH 值降低。有时有机物还可能带入蒸汽系统和凝结水中，使 pH 值降低，造成系统腐蚀。在循环水系统中有机物含量高会促进微生物繁殖。因此，不管对除盐、炉水或循环水系统，COD 都是越低越好，但并没有统一的限制指标。在循环冷却水系统中 COD（$KMnO_4$ 法）＞5mg/L 时，水质已开始变差。

COD 的数值越大表明水体的污染情况越严重，参见表 2-11。

表 2-11 地表水环境质量标准基本项目标准限值（摘自 GB 3838—2002） 单位：mg/L

分　类	COD 值≤	适　用　情　况
Ⅰ类	15	主要适用于源头水、国家自然保护区
Ⅱ类	15	主要适用于集中式生活饮用水地表水源地一级保护区、珍稀水生生物栖息地、鱼虾类产卵场等
Ⅲ类	20	主要适用于集中式生活饮用水地表水源地二级保护区、鱼虾类越冬场、洄游通道、水产养殖区等渔业水域及游泳区

续表

分　类	COD 值≤	适 用 情 况
Ⅳ类	30	主要适用于一般工业用水区及人体非直接接触的娱乐用水区
Ⅴ类	40	主要适用于农业用水区及一般景观要求水域

在水样中加入一定质量的重铬酸钾溶液，并在强酸介质下，以银盐作为催化剂，经沸腾回流后，以试亚铁灵为指示剂，用硫酸亚铁铵滴定水样中未被还原的重铬酸钾、由消耗的硫酸亚铁铵的量换算成消耗氧的质量浓度，其值为每升水消耗氧的毫克数。

【实验用品】

硫酸银-硫酸试剂（向 1L 硫酸中加入 10g 硫酸银，放置 1～2 天使之溶解，并混匀，使用前小心摇动）；重铬酸钾标准溶液（将 12.258g 在 105℃ 干燥 2h 后的重铬酸钾溶于水稀释至 1000mL，浓度为 $c = 0.250$mol/L，将此溶液稀释 10 倍，得到浓度为 $c = 0.0250$mol/L 重铬酸钾标准溶液）；试亚铁灵指示剂（溶解 0.7g 硫酸亚铁于 50mL 水中，加入 1.5g 邻菲啰啉，搅动至溶解，加水稀释至 100mL）；硫酸亚铁铵标准溶液（溶解 39.518g 硫酸亚铁铵于水中，加入 20mL 硫酸，待其溶液冷却后稀释至 1000mL，此溶液浓度约为 0.1145mol/L，将此溶液稀释 10 倍，得到浓度约为 0.01145mol/L 的硫酸亚铁铵标准溶液）

注意：每日临用前，必须用重铬酸钾标准溶液准确标定硫酸亚铁铵标准溶液的浓度。

回流装置（带有 19 号标准磨口的 500mL 锥形瓶全玻璃回流装置 4 套）；加热装置（可调电子万用炉 2 台）；50mL 酸式滴定管；辅助设备若干

【实验方法】

1. 取试料 20.00mL 于锥形瓶中；并加入 10.00mL 重铬酸钾标准溶液和适量的人造沸石，摇匀。

2. 将锥形瓶接到回流装置的冷凝管下口，接通冷凝水（注意：冷凝水要从下口进水，上口出水）。用铁架台和铁夹固定冷凝管，并使锥形瓶放置在电子万用炉上。

3. 从冷凝管上缓慢加入 30mL 硫酸银-硫酸试剂以防止低沸点有机物溢出，不断旋转锥形瓶使之混合均匀。

4. 打开电子万用炉最大挡加热至溶液沸腾，然后调节至适当温度，使溶液保持沸腾，回流 2h。

5. 回流完毕后，冷却。用 20～30mL 水自冷凝管上口冲洗冷凝管后，取下锥形瓶，再用水稀释至 140mL 左右。

6. 溶液冷却至室温后，加入三滴试亚铁灵指示剂，用硫酸亚铁铵标准溶液滴定，溶液颜色由黄色经蓝绿色变为红褐色即为终点。记下硫酸亚铁铵标准溶液消耗的体积 $V_2(mL)$。

7. 以同样的方法，同时做一空白（蒸馏水）试验，记下空白试验消耗硫酸亚铁铵标准溶液的体积 $V_1(mL)$。

【方法改进】

取 20.00mL 混合均匀的水样（或适量水样稀释至 20.00mL）置 250mL 磨口锥形瓶中，准确加入 10.00mL 0.25mol/L 重铬酸钾标准溶液及数粒洗净的玻璃珠或沸石，连接磨口回流冷凝管，从冷凝管上口慢慢地加入 30mL 硫磷混合酸（$H_2SO_4：H_3PO_4 = 3：1$，体积比），轻轻摇动锥形瓶使溶液混匀，加热回流 12min（自开始沸腾时计时）。但对于有氯离子的废水，则应先把 0.4g 硫酸汞 [可用 $AgNO_3$-$KCr(SO_4)_2$ 代替] 加入锥形瓶中后，再进行回流操作。

以下操作同前。

【数据处理】

以 mg/L 计的水样化学需氧量：

$$COD(mg/L) = c(V_1 - V_2) \times 8000/V_0$$

式中　c——硫酸亚铁铵标准溶液的浓度，mol/L；

V_1——空白试验所消耗的硫酸亚铁铵标准溶液的体积，mL；

V_2——试料测定所消耗的硫酸亚铁铵标准溶液的体积，mL；

V_0——试料的体积，mL；

8000——1/4 O_2 的摩尔质量以 mg/L 为单位的换算值。

应特别注意的是根据水质的污染情况选用重铬酸钾和硫酸亚铁铵标准溶液的浓度，要相互对应。

实验十六　氧化铜矿制备硫酸铜（设计型）

【实验要求】

本实验为设计型（或创新型）实验。由学生自行拟定实验方案。其步骤为：

1. 查阅文献；

2. 拟定实验方案（包括：实验原理，实验所用的仪器和药品种类及用量，操作步骤，产物鉴定表征项目，实验相关理化数据，安全注意事项等）；

3. 实验方案提交教师审查其可行性；

4. 指导教师通过后进入实验室进行实验；

5. 以论文形式提交完整实验报告。

【实验简介】

自然界中氧化铜矿品位不高，一般在 10％左右。主要杂质有 Si、Ca、Mg、Fe、Al 及 Pb、Zn、Co、Ni 等，将氧化铜矿用稀硫酸溶浸后过滤分离 SiO_2 等不溶物。浸出液用铁屑在 pH＝2.5 时置换 Cu^{2+} 制取海绵铜，海绵铜经高温焙烧后获得含有 Fe_2O_3 等杂质的氧化铜。再将其经过溶解、粗制和精制结晶几个过程就可获得纯的结晶硫酸铜 $CuSO_4 \cdot 5H_2O$。为了控制条件，必须对原料、粗晶进行分析，对产品进行纯度检验。

【具体要求】

1. 设计由氧化铜矿制备 $CuSO_4 \cdot 5H_2O$ 的合理方案。

2. 设计原料、粗晶及产品中 Cu^{2+} 的测定方法和微量 Fe 的鉴定方法。

实验十七　设计从海带中分离和鉴定碘（设计型）

【实验要求】

与实验十六要求相同。

【实验简介】

海带中所含的碘一般以 I^- 状态存在。用水浸泡海带，I^- 及其他可溶性有机质如褐藻糖胶等进入浸出液中。若用海带重量 13～15 倍的水浸泡海带，可使浸出液中 I^- 含量达到 0.5～0.55g/L。海带浸出液中褐藻糖胶的存在妨碍碘的提取，应预先除去。一般采用碱化絮凝法使其生成褐藻酸钠絮状沉淀而沉降。由于强碱性阴离子交换树脂对多碘离子 I_3^- 或 I_5^- 的交换吸附量（700～800g/L 树脂）远远大于对 I^- 的吸附量（150～170g/L 树脂），因此常将海带浸出液中的 I^- 部分氧化使生成 I_3^- 或 I_5^-，再被树脂交换吸附。一般采用在酸性条件下加入适量氧化剂，如NaClO或 H_2O_2 的方法使 I^- 氧化并生成多碘离子以利于交换吸附。

【具体要求】

1. 设计用离子交换法从海带中分离碘的实验方案及其原理分析。
2. 设计鉴定碘的定性和定量方法。

实验十八　水热法制备纳米 SnO_2 微粉（设计型）

【实验要求】

与实验十六要求相同。

【实验简介】

SnO_2 是一种半导体氧化物，它在传感器、催化剂和透明导电薄膜等方面具有广泛用途。纳米 SnO_2 具有很大的比表面积，是一种很好的气敏与湿敏材料。制备超细 SnO_2 微粉的方法很多，有 sol-gel 法、化学沉淀法、激光分解法、水热法等。水热法制备纳米氧化物微粉有许多优点，如产物直接为晶态，无需经过焙烧晶化过程，因而可以减少用其他方法难以避免的颗粒团聚，同时粒度比较均匀，形态比较规则。因此，水热法是制备纳米氧化物微粉的好方法之一。

水热法是指在温度超过 100℃和相应压力（高于常压）条件下利用水溶液（广义地说，溶剂介质不一定是水）中物质间的化学反应合成化合物的方法。

在水热条件（相对高的温度和压力）下，水的反应活性提高，其蒸气压上升、离子积增大，而密度、表面张力及黏度下降，体系的氧化还原电势发生变化。总之，物质在水热条件下的热力学性质均不同于常态，为合成某些特定化合物提供了可能。水热合成方法的主要特点有：①水热条件下，由于反应物和溶剂活性的提高，有利于某些特殊中间态及特殊物相的形成，因此可能合成具有某些特殊结构的新化合物；②水热条件下有利于某些晶体的生长，可获得纯度高、取向规则、形态完美、非平衡态缺陷尽可能少的晶体材料；③产物粒度较易于控制，分布集中，采用适当措施可尽量减少团聚；④通过改变水热反应条件，可能形成具有不同晶体结构和结晶形态的产物，也有利于低价、中间价态与特殊价态化合物的生成。基于以上特点，水热合成在材料领域已有广泛应用。水热合成化学也日益受到化学与材料科学界的重视。

【具体要求】

本实验设计以水热法制备纳米 SnO_2 微粉，从而掌握水热反应的基本原理，研究不同水热反应条件对产物微晶形成、晶粒大小及形态的影响。

1. 设计水热法制备纳米 SnO_2 微粉实验方案。
2. 设计检测纳米 SnO_2 微粉性质（如粒度、纯度等）方法。

附　　录

附录一　常见离子的颜色

无色离子

阳离子：

Na^+、K^+、NH_4^+、Mg^{2+}、Ca^{2+}、Sr^{2+}、Ba^{2+}、Al^{3+}、Sn^{2+}、Sn^{4+}、Pb^{2+}、Bi^{3+}、Ag^+、Zn^{2+}、Cd^{2+}、Hg_2^{2+}、Hg^{2+}等。

阴离子：

SO_4^{2-}、SO_3^{2-}、$S_2O_3^{2-}$、CO_3^{2-}、$C_2O_4^{2-}$、PO_4^{3-}、F^-、Cl^-、Br^-、I^-、S^{2-}、NO_3^-、NO_2^-、SiO_3^{2-}、HCO_3^-、ClO_3^-等。

有色离子

水合离子	颜　色	配合离子	颜　色
Mn^{2+}	肉色	$[Cu(NH_3)_4]^{2+}$	深蓝色
Fe^{3+}	浅紫色	$[CuCl_4]^{2-}$	黄色
Fe^{2+}	浅绿色	$[Fe(NCS)_n]^{3-n}$	血红色
Cr^{3+}	蓝紫色	$[Fe(CN)_6]^{3-}$	黄色
Co^{2+}	粉红色	$[Fe(CN)_6]^{4-}$	黄色
Ni^{2+}	亮绿色	$[Co(NH_3)_6]^{2+}$	土黄色
Cu^{2+}	浅蓝色	$[Co(NH_3)_6]^{3+}$	红褐色
$Cr_2O_7^{2-}$	橙色	$[CoCl_4]^{2-}$	蓝色
CrO_4^{2-}	黄色	$[Co(NCS)_4]^{2-}$	蓝色
CrO_2^-	亮绿色	$[Ni(NH_3)_6]^{2+}$	蓝色
MnO_4^-	紫红色		
MnO_4^{2-}	绿色		

附录二　常见化合物的颜色

氧化物： CuO　　Ag$_2$O　　ZnO　　　HgO　　　Cr$_2$O$_3$　　CrO$_3$　　MnO$_2$

　　　　　黑色　　暗棕色　　白色　　红或黄色　　绿色　　红色　　棕色

氢氧化物： Mg(OH)$_2$　Cu(OH)$_2$　Zn(OH)$_2$　Al(OH)$_3$　Cr(OH)$_3$　Fe(OH)$_3$

　　　　　　白色　　　浅蓝色　　　白色　　　白色　　　灰绿色　　红棕色

卤化物： AgCl　　　AgBr　　AgI　　PbCl$_2$　　PbI$_2$　　HgI$_2$

　　　　　白色　　　淡黄色　　黄色　　白色　　　黄色　　橘红色

　　　　FeCl$_3$·6H$_2$O　　Sn(OH)Cl　　SbOCl　　BiOCl

　　　　　棕黄色　　　　　白色　　　　白色　　　白色

硫化物： Ag$_2$S　　PbS　　CuS　　CdS　　ZnS

　　　　　黑色　　黑色　　黑色　　黄色　　白色

铬酸盐： Ag$_2$CrO$_4$　　　PbCrO$_4$　　BaCrO$_4$

　　　　　砖红色　　　　黄色　　　　黄色

其他： CaC$_2$O$_4$　　Ag$_3$PO$_4$　　(NH$_4$)$_2$Fe(SO$_4$)$_2$·6H$_2$O

　　　　　白色　　　　黄色　　　　　浅绿色

　　　　KFe[Fe(CN)$_6$]　　Cu$_2$[Fe(CN)$_6$]

　　　　　蓝色　　　　　　红棕色

附录三　常见离子的简易鉴定方法

1. 常见阳离子的鉴定方法

离子　　鉴定方法

NH$_4^+$　　加入 NaOH，加热后放出氨气：

$$NH_4^+ + NaOH \xrightarrow{\triangle} NH_3\uparrow + H_2O + Na^+$$

NH$_3$ 使湿润的红色石蕊试纸变蓝或 pH 试纸呈碱性反应。

Fe^{2+}　　与 K$_3$[Fe(CN)$_6$]反应生成蓝色沉淀：

$$3Fe^{2+} + 2[Fe(CN)_6]^{3-} == Fe_3[Fe(CN)_6]_2\downarrow$$

Fe^{3+}　　(1) 与 KSCN 反应生成血红色配合物：

$$Fe^{3+} + nSCN^- == [Fe(NCS)_n]^{3-n} \quad (n=1\sim6)$$

　　　　(2) 与 K$_4$[Fe(CN)$_6$]反应生成蓝色沉淀：

$$4Fe^{3+} + 3[Fe(CN)_6]^{4-} == Fe_4[Fe(CN)_6]_3\downarrow$$

Cu²⁺　　（1）在中性或弱酸性溶液中与 $K_4[Fe(CN)_6]$ 反应，生成红棕色沉淀：

$$2Cu^{2+}+[Fe(CN)_6]^{4-} = Cu_2[Fe(CN)_6]\downarrow$$

　　　　（2）与过量氨水反应，生成深蓝色配合物：

$$Cu^{2+}+4NH_3 = [Cu(NH_3)_4]^{2+}$$

Pb²⁺　　与铬酸钾溶液反应生成黄色沉淀，沉淀溶于 NaOH，然后加 HAc 酸化，黄色沉淀重又析出：

$$Pb^{2+}+CrO_4^{2-} = PbCrO_4\downarrow$$

$$PbCrO_4+4OH^- = PbO_2^{2-}+CrO_4^{2-}+2H_2O$$

$$PbO_2^{2-}+CrO_4^{2-}+4HAc = PbCrO_4\downarrow+4Ac^-+2H_2O$$

Ca²⁺　　与草酸铵反应生成白色沉淀：

$$Ca^{2+}+C_2O_4^{2-} \longrightarrow CaC_2O_4\downarrow$$

Mg²⁺　　碱性条件下与镁试剂反应生成天蓝色沉淀。

Ba²⁺　　与 K_2CrO_4（弱酸性）反应生成黄色沉淀：

$$Ba^{2+}+CrO_4^{2-} \longrightarrow BaCrO_4\downarrow$$

Al³⁺　　与铝试剂反应生成红色絮状沉淀。

Co²⁺　　与饱和 NH_4SCN 在丙酮或戊醇存在下反应生成蓝色配合物：

$$Co^{2+}+4SCN^- = [Co(NCS)_4]^{2-}$$

　　　　注：Fe^{3+} 有干扰。

Ni²⁺　　在氨性溶液中与丁二酮肟反应生成鲜红色螯合物沉淀。

2. 常见阴离子的鉴定方法

离子　　鉴定方法

Cl⁻　　与 $AgNO_3$ 作用生成白色沉淀：

$$Cl^-+Ag^+ = AgCl\downarrow$$

　　　　沉淀不溶于 HNO_3，能溶于过量的氨水中。

Br⁻　　加入氯水和 CCl_4，Br^- 与氯水反应析出 Br_2：

$$2Br^-+Cl_2 = 2Cl^-+Br_2$$

　　　　Br_2 溶于 CCl_4 中呈现橙黄色或橙红色。

I⁻　　加入氯水和 CCl_4，I^- 与氯水反应析出 I_2：

$$2I^- + Cl_2 == 2Cl^- + I_2$$

I_2 溶于 CCl_4 中呈现紫红色。

S^{2-} 与稀 HCl 反应生成臭鸡蛋味的 H_2S 气体：

$$S^{2-} + 2H^+ == H_2S\uparrow$$

H_2S 可使湿润的 $PbAc_2$ 试纸变黑。

SO_4^{2-} 与 $BaCl_2$ 反应生成白色沉淀：

$$SO_4^{2-} + Ba^{2+} == BaSO_4\downarrow$$

沉淀不溶于 HNO_3。

SO_3^{2-} 与稀 HCl 反应放出 SO_2 气体：

$$SO_3^{2-} + 2H^+ == SO_2\uparrow + H_2O$$

SO_2 可使品红或 $KMnO_4$ 溶液褪色，使 I_2-淀粉试纸褪色。

$S_2O_3^{2-}$ (1) 与稀 HCl 作用放出 SO_2 气体并析出 S：

$$S_2O_3^{2-} + 2H^+ == SO_2\uparrow + S\downarrow + H_2O$$

反应中有 S 析出，溶液变浑浊。

(2) 与 $AgNO_3$ 反应生成白色沉淀，且颜色变化为白→黄→棕，最后变为黑色。

$$S_2O_3^{2-} + 2Ag^+ == Ag_2S_2O_3\downarrow$$

$$Ag_2S_2O_3 + H_2O == Ag_2S\downarrow + 2H^+ + SO_4^{2-}$$

NO_2^- 加 $FeSO_4$ 和 HAc 溶液，能产生棕色溶液：

$$NO_2^- + Fe^{2+} + 2HAc == NO + Fe^{3+} + 2Ac^- + H_2O$$

$$NO + Fe^{2+} == [Fe(NO)]^{2+}$$

NO_3^- 加入少量 $FeSO_4$ 晶体，溶解后沿倾斜的试管壁加入浓 H_2SO_4。在溶液与浓 H_2SO_4 交界处形成棕色环；

$$NO_3^- + 3Fe^{2+} + 4H^+ == NO + 3Fe^{3+} + 2H_2O$$

$$NO + FeSO_4 == [Fe(NO)SO_4]$$

PO_4^{3-} (1) 与 $AgNO_3$ 反应生成黄色沉淀：

$$PO_4^{3-} + 3Ag^+ == Ag_3PO_4\downarrow$$

(2) 与 $(NH_4)_2MoO_4$ 反应生成黄色难溶晶体：

$$PO_4^{3-} + 3NH_4^+ + 12MoO_4^{2+} + 24H^+ == (NH_4)_3PO_4\cdot12MoO_3\cdot6H_2O\downarrow + 6H_2O$$

附录四　常见平衡常数表

1. 弱酸、弱碱的解离常数(dissociation constants of weak acids and weak bases)

无机酸在水溶液中的解离常数(25℃)

dissociation constants of mineral acids in aqueous solution(25℃)

序号	名　称	化 学 式	K_a	pK_a
1	偏铝酸	$HAlO_2$	6.3×10^{-13}	12.20
2	亚砷酸	H_3AsO_3	6.0×10^{-10}	9.22
3	砷酸	H_3AsO_4	$6.3 \times 10^{-3}(K_{a1})$	2.20
			$1.05 \times 10^{-7}(K_{a2})$	6.98
			$3.2 \times 10^{-12}(K_{a3})$	11.50
4	硼酸	H_3BO_3	$5.8 \times 10^{-10}(K_{a1})$	9.24
			$1.8 \times 10^{-13}(K_{a2})$	12.74
			$1.6 \times 10^{-14}(K_{a3})$	13.80
5	次溴酸	$HBrO$	2.4×10^{-9}	8.62
6	氢氰酸	HCN	6.2×10^{-10}	9.21
7	碳酸	H_2CO_3	$4.2 \times 10^{-7}(K_{a1})$	6.38
			$5.6 \times 10^{-11}(K_{a2})$	10.25
8	次氯酸	$HClO$	3.2×10^{-8}	7.50
9	氢氟酸	HF	6.61×10^{-4}	3.18
10	锗酸	H_2GeO_3	$1.7 \times 10^{-9}(K_{a1})$	8.78
			$1.9 \times 10^{-13}(K_{a2})$	12.72
11	高碘酸	HIO_4	2.8×10^{-2}	1.56
12	亚硝酸	HNO_2	5.1×10^{-4}	3.29
13	次磷酸	H_3PO_2	5.9×10^{-2}	1.23
14	亚磷酸	H_3PO_3	$5.0 \times 10^{-2}(K_{a1})$	1.30
			$2.5 \times 10^{-7}(K_{a2})$	6.60
15	磷酸	H_3PO_4	$7.52 \times 10^{-3}(K_{a1})$	2.12
			$6.31 \times 10^{-8}(K_{a2})$	7.20
			$4.4 \times 10^{-13}(K_{a3})$	12.36

续表

序号	名　称	化　学　式	K_a	pK_a
16	焦磷酸	$H_4P_2O_7$	$3.0 \times 10^{-2}(K_{a1})$	1.52
			$4.4 \times 10^{-3}(K_{a2})$	2.36
			$2.5 \times 10^{-7}(K_{a3})$	6.60
			$5.6 \times 10^{-10}(K_{a4})$	9.25
17	氢硫酸	H_2S	$1.3 \times 10^{-7}(K_{a1})$	6.88
			$7.1 \times 10^{-15}(K_{a2})$	14.15
18	亚硫酸	H_2SO_3	$1.23 \times 10^{-2}(K_{a1})$	1.91
			$6.6 \times 10^{-8}(K_{a2})$	7.18
19	硫酸	H_2SO_4	$1.0 \times 10^{3}(K_{a1})$	-3.0
			$1.02 \times 10^{-2}(K_{a2})$	1.99
20	硫代硫酸	$H_2S_2O_3$	$2.52 \times 10^{-1}(K_{a1})$	0.60
			$1.9 \times 10^{-2}(K_{a2})$	1.72
21	氢硒酸	H_2Se	$1.3 \times 10^{-4}(K_{a1})$	3.89
			$1.0 \times 10^{-11}(K_{a2})$	11.0
22	亚硒酸	H_2SeO_3	$2.7 \times 10^{-3}(K_{a1})$	2.57
			$2.5 \times 10^{-7}(K_{a2})$	6.60
23	硒酸	H_2SeO_4	$1 \times 10^{3}(K_{a1})$	-3.0
			$1.2 \times 10^{-2}(K_{a2})$	1.92
24	硅酸	H_2SiO_3	$1.7 \times 10^{-10}(K_{a1})$	9.77
			$1.6 \times 10^{-12}(K_{a2})$	11.80
25	亚碲酸	H_2TeO_3	$2.7 \times 10^{-3}(K_{a1})$	2.57
			$1.8 \times 10^{-8}(K_{a2})$	7.74

有机酸在水溶液中的解离常数（25℃）

dissociation constants of organic acids in aqueous solution（25℃）

序号	名　称	化　学　式	K_a	pK_a
1	甲酸	$HCOOH$	1.8×10^{-4}	3.75
2	乙酸	CH_3COOH	1.74×10^{-5}	4.76
3	乙醇酸	$CH_2(OH)COOH$	1.48×10^{-4}	3.83
4	草酸	$(COOH)_2$	$5.4 \times 10^{-2}(K_{a1})$	1.27
			$5.4 \times 10^{-5}(K_{a2})$	4.27
5	甘氨酸	$CH_2(NH_2)COOH$	1.7×10^{-10}	9.78

续表

序号	名　称	化　学　式	K_a	pK_a
6	一氯乙酸	$CH_2ClCOOH$	$1.4×10^{-3}$	2.86
7	二氯乙酸	$CHCl_2COOH$	$5.0×10^{-2}$	1.30
8	三氯乙酸	CCl_3COOH	$2.0×10^{-1}$	0.70
9	丙酸	CH_3CH_2COOH	$1.35×10^{-5}$	4.87
10	丙烯酸	$CH_2═CHCOOH$	$5.5×10^{-5}$	4.26
11	乳酸(丙醇酸)	$CH_3CHOHCOOH$	$1.4×10^{-4}$	3.86
12	丙二酸、	$HOOCCH_2COOH$	$1.4×10^{-3}(K_{a1})$	2.85
			$2.2×10^{-6}(K_{a2})$	5.66
13	2-丙炔酸	$HC≡CCOOH$	$1.29×10^{-2}$	1.89
14	甘油酸	$HOCH_2CHOHCOOH$	$2.29×10^{-4}$	3.64
15	丙酮酸	$CH_3COCOOH$	$3.2×10^{-3}$	2.49
16	α-丙氨酸	CH_3CHNH_2COOH	$1.35×10^{-10}$	9.87
17	β-丙氨酸	$CH_2NH_2CH_2COOH$	$4.4×10^{-11}$	10.36
18	正丁酸	$CH_3(CH_2)_2COOH$	$1.52×10^{-5}$	4.82
19	异丁酸	$(CH_3)_2CHCOOH$	$1.41×10^{-5}$	4.85
20	3-丁烯酸	$CH_2═CHCH_2COOH$	$2.1×10^{-5}$	4.68
21	异丁烯酸	$CH_2═C(CH_3)COOH$	$2.2×10^{-5}$	4.66
22	反丁烯二酸(富马酸)	$HOOCCH═CHCOOH$	$9.3×10^{-4}(K_{a1})$	3.03
			$3.6×10^{-5}(K_{a2})$	4.44
23	顺丁烯二酸(马来酸)	$HOOCCH═CHCOOH$	$1.2×10^{-2}(K_{a1})$	1.92
			$5.9×10^{-7}(K_{a2})$	6.23
24	酒石酸	$HOCOCH(OH)CH(OH)COOH$	$1.04×10^{-3}(K_{a1})$	2.98
			$4.55×10^{-5}(K_{a2})$	4.34
25	正戊酸	$CH_3(CH_2)_3COOH$	$1.4×10^{-5}$	4.86
26	异戊酸	$(CH_3)_2CHCH_2COOH$	$1.67×10^{-5}$	4.78
27	2-戊烯酸	$CH_3CH_2CH═CHCOOH$	$2.0×10^{-5}$	4.70

序号	名　称	化　学　式	K_a	pK_a
28	3-戊烯酸	$CH_3CH = CHCH_2COOH$	3.0×10^{-5}	4.52
29	4-戊烯酸	$CH_2 = CHCH_2CH_2COOH$	2.10×10^{-5}	4.677
30	戊二酸	$HOOC(CH_2)_3COOH$	$1.7 \times 10^{-4}(K_{a1})$	3.77
			$8.3 \times 10^{-7}(K_{a2})$	6.08
31	谷氨酸	$HOOCCH_2CH_2CH(NH_2)COOH$	$7.4 \times 10^{-3}(K_{a1})$	2.13
			$4.9 \times 10^{-5}(K_{a2})$	4.31
			$4.4 \times 10^{-10}(K_{a3})$	9.358
32	正己酸	$CH_3(CH_2)_4COOH$	1.39×10^{-5}	4.86
33	异己酸	$(CH_3)_2CH(CH_2)_3COOH$	1.43×10^{-5}	4.85
34	(E)-2-己烯酸	$H(CH_2)_3CH = CHCOOH$	1.8×10^{-5}	4.74
35	(E)-3-己烯酸	$CH_3CH_2CH = CHCH_2COOH$	1.9×10^{-5}	4.72
36	己二酸	$HOOCCH_2CH_2CH_2CH_2COOH$	$3.8 \times 10^{-5}(K_{a1})$	4.42
			$3.9 \times 10^{-6}(K_{a2})$	5.41
37	柠檬酸	$HOOCCH_2C(OH)(COOH)CH_2COOH$	$7.4 \times 10^{-4}(K_{a1})$	3.13
			$1.7 \times 10^{-5}(K_{a2})$	4.76
			$4.0 \times 10^{-7}(K_{a3})$	6.40
38	苯酚	C_6H_5OH	1.1×10^{-10}	9.96
39	邻苯二酚	$(o)C_6H_4(OH)_2$	3.6×10^{-10}	9.45
			1.6×10^{-13}	12.8
40	间苯二酚	$(m)C_6H_4(OH)_2$	$3.6 \times 10^{-10}(K_{a1})$	9.30
			$8.71 \times 10^{-12}(K_{a2})$	11.06
41	对苯二酚	$(p)C_6H_4(OH)_2$	1.1×10^{-10}	9.96
42	2,4,6-三硝基苯酚	$2,4,6-(NO_2)_3C_6H_2OH$	5.1×10^{-1}	0.29
43	葡萄糖酸	$CH_2OH(CHOH)_4COOH$	1.4×10^{-4}	3.86
44	苯甲酸	C_6H_5COOH	6.3×10^{-5}	4.20
45	水杨酸	$C_6H_4(OH)COOH$	$1.05 \times 10^{-3}(K_{a1})$	2.98
			$4.17 \times 10^{-13}(K_{a2})$	12.38
46	邻硝基苯甲酸	$(o)NO_2C_6H_4COOH$	6.6×10^{-3}	2.18
47	间硝基苯甲酸	$(m)NO_2C_6H_4COOH$	3.5×10^{-4}	3.46
48	对硝基苯甲酸	$(p)NO_2C_6H_4COOH$	3.6×10^{-4}	3.44
49	邻苯二甲酸	$(o)C_6H_4(COOH)_2$	$1.1 \times 10^{-3}(K_{a1})$	2.96
			$4.0 \times 10^{-6}(K_{a2})$	5.40

续表

序号	名　称	化　学　式	K_a	pK_a
50	间苯二甲酸	$(m)C_6H_4(COOH)_2$	$2.4×10^{-4}(K_{a1})$	3.62
			$2.5×10^{-5}(K_{a2})$	4.60
51	对苯二甲酸	$(p)C_6H_4(COOH)_2$	$2.9×10^{-4}(K_{a1})$	3.54
			$3.5×10^{-5}(K_{a2})$	4.46
52	1,3,5-苯三甲酸	$C_6H_3(COOH)_3$	$7.6×10^{-3}(K_{a1})$	2.12
			$7.9×10^{-5}(K_{a2})$	4.10
			$6.6×10^{-6}(K_{a3})$	5.18
53	苯基六羧酸	$C_6(COOH)_6$	$2.1×10^{-1}(K_{a1})$	0.68
			$6.2×10^{-3}(K_{a2})$	2.21
			$3.0×10^{-4}(K_{a3})$	3.52
			$8.1×10^{-6}(K_{a4})$	5.09
			$4.8×10^{-7}(K_{a5})$	6.32
			$3.2×10^{-8}(K_{a6})$	7.49
54	癸二酸	$HOOC(CH_2)_8COOH$	$2.6×10^{-5}(K_{a1})$	4.59
			$2.6×10^{-6}(K_{a2})$	5.59
55	乙二胺四乙酸(EDTA)	$CH_2N(CH_2COOH)_2$ $\mid$ $CH_2N(CH_2COOH)_2$	$1.0×10^{-2}(K_{a1})$	2.0
			$2.14×10^{-3}(K_{a2})$	2.67
			$6.92×10^{-7}(K_{a3})$	6.16
			$5.5×10^{-11}(K_{a4})$	10.26

无机碱在水溶液中的解离常数（25℃）

dissociation constants of mineral bases in aqueous solution（25℃）

序号	名　称	化　学　式	K_b	pK_b
1	氢氧化铝	$Al(OH)_3$	$1.38×10^{-9}(K_{b3})$	8.86
2	氢氧化银	$AgOH$	$1.10×10^{-4}$	3.96
3	氢氧化钙	$Ca(OH)_2$	$3.72×10^{-3}$	2.43
			$3.98×10^{-2}$	1.40
4	氨水	$NH_3·H_2O$	$1.78×10^{-5}$	4.75
5	肼(联氨)	$N_2H_4·H_2O$	$9.55×10^{-7}(K_{b1})$	6.02
			$1.26×10^{-15}(K_{b2})$	14.9
6	羟氨	$NH_2OH·H_2O$	$9.12×10^{-9}$	8.04
7	氢氧化铅	$Pb(OH)_2$	$9.55×10^{-4}(K_{b1})$	3.02
			$3.0×10^{-8}(K_{b2})$	7.52
8	氢氧化锌	$Zn(OH)_2$	$9.55×10^{-4}$	3.02

有机碱在水溶液中的解离常数（25℃）

dissociation constants of organic bases in aqueous solution（25℃）

序号	名称	化学式	K_b	pK_b
1	甲胺	CH_3NH_2	4.17×10^{-4}	3.38
2	尿素（脲）	$CO(NH_2)_2$	1.5×10^{-14}	13.82
3	乙胺	$CH_3CH_2NH_2$	4.27×10^{-4}	3.37
4	乙醇胺	$H_2N(CH_2)_2OH$	3.16×10^{-5}	4.50
5	乙二胺	$H_2N(CH_2)_2NH_2$	$8.51 \times 10^{-5}(K_{b1})$	4.07
			$7.08 \times 10^{-8}(K_{b2})$	7.15
6	二甲胺	$(CH_3)_2NH$	5.89×10^{-4}	3.23
7	三甲胺	$(CH_3)_3N$	6.31×10^{-5}	4.20
8	三乙胺	$(C_2H_5)_3N$	5.25×10^{-4}	3.28
9	丙胺	$C_3H_7NH_2$	3.70×10^{-4}	3.432
10	异丙胺	$i\text{-}C_3H_7NH_2$	4.37×10^{-4}	3.36
11	1,3-丙二胺	$NH_2(CH_2)_3NH_2$	$2.95 \times 10^{-4}(K_{b1})$	3.53
			$3.09 \times 10^{-6}(K_{b2})$	5.51
12	1,2-丙二胺	$CH_3CH(NH_2)CH_2NH_2$	$5.25 \times 10^{-5}(K_{b1})$	4.28
			$4.05 \times 10^{-8}(K_{b2})$	7.393
13	三丙胺	$(CH_3CH_2CH_2)_3N$	4.57×10^{-4}	3.34
14	三乙醇胺	$(HOCH_2CH_2)_3N$	5.75×10^{-7}	6.24
15	丁胺	$C_4H_9NH_2$	4.37×10^{-4}	3.36
16	异丁胺	$i\text{-}C_4H_9NH_2$	2.57×10^{-4}	3.59
17	叔丁胺	$t\text{-}C_4H_9NH_2$	4.84×10^{-4}	3.315
18	己胺	$H(CH_2)_6NH_2$	4.37×10^{-4}	3.36
19	辛胺	$H(CH_2)_8NH_2$	4.47×10^{-4}	3.35
20	苯胺	$C_6H_5NH_2$	3.98×10^{-10}	9.40
21	苄胺	$C_6H_5CH_2NH_2$	2.24×10^{-5}	4.65
22	环己胺	$C_6H_{11}NH_2$	4.37×10^{-4}	3.36
23	吡啶	C_5H_5N	1.48×10^{-9}	8.83
24	六亚甲基四胺	$(CH_2)_6N_4$	1.35×10^{-9}	8.87
25	2-氯酚	C_6H_5ClO	3.55×10^{-6}	5.45
26	3-氯酚	C_6H_5ClO	1.26×10^{-5}	4.90
27	4-氯酚	C_6H_5ClO	2.69×10^{-5}	4.57
28	邻氨基苯酚	$(o)H_2NC_6H_4OH$	5.2×10^{-5}	4.28
			1.9×10^{-5}	4.72
29	间氨基苯酚	$(m)H_2NC_6H_4OH$	7.4×10^{-5}	4.13
			6.8×10^{-5}	4.17

续表

序号	名称	化学式	K_b	pK_b
30	对氨基苯酚	$(p)H_2NC_6H_4OH$	2.0×10^{-4}	3.70
			3.2×10^{-6}	5.50
31	邻甲苯胺	$(o)CH_3C_6H_4NH_2$	2.82×10^{-10}	9.55
32	间甲苯胺	$(m)CH_3C_6H_4NH_2$	5.13×10^{-10}	9.29
33	对甲苯胺	$(p)CH_3C_6H_4NH_2$	1.20×10^{-9}	8.92
34	8-羟基喹啉(20℃)	$8\text{-}HO\text{-}C_9H_6N$	6.5×10^{-5}	4.19
35	二苯胺	$(C_6H_5)_2NH$	7.94×10^{-14}	13.1
36	联苯胺	$H_2NC_6H_4C_6H_4NH_2$	$5.01\times10^{-10}(K_{b1})$	9.30
			$4.27\times10^{-11}(K_{b2})$	10.37

2. 溶度积常数

难溶化合物的溶度积常数（solubility products of undissolved compounds）

化合物	溶度积	化合物	溶度积
$AgAc$	1.94×10^{-3}	$AgOH$	2.0×10^{-8}
$AgBr$	5.0×10^{-13}	$Al(OH)_3$(无定形)	1.3×10^{-33}
$AgCl$	1.8×10^{-10}	$Be(OH)_2$(无定形)	1.6×10^{-22}
AgI	8.3×10^{-17}	$Ca(OH)_2$	5.5×10^{-6}
BaF_2	1.84×10^{-7}	$Cd(OH)_2$	5.27×10^{-15}
CaF_2	5.3×10^{-9}	$Co(OH)_2$(粉红色)	1.09×10^{-15}
$CuBr$	5.3×10^{-9}	$Co(OH)_2$(蓝色)	5.92×10^{-15}
$CuCl$	1.2×10^{-6}	$Co(OH)_3$	1.6×10^{-44}
CuI	1.1×10^{-12}	$Cr(OH)_2$	2×10^{-16}
Hg_2Cl_2	1.3×10^{-18}	$Cr(OH)_3$	6.3×10^{-31}
Hg_2I_2	4.5×10^{-29}	$Cu(OH)_2$	2.2×10^{-20}
HgI_2	2.9×10^{-29}	$Fe(OH)_2$	8.0×10^{-16}
$PbBr_2$	6.60×10^{-6}	$Fe(OH)_3$	4×10^{-38}
$PbCl_2$	1.6×10^{-5}	$Mg(OH)_2$	1.8×10^{-11}
PbF_2	3.3×10^{-8}	$Mn(OH)_2$	1.9×10^{-13}
PbI_2	7.1×10^{-9}	$Ni(OH)_2$(新制备)	2.0×10^{-15}
SrF_2	4.33×10^{-9}	$Pb(OH)_2$	1.2×10^{-15}
Ag_2CO_3	8.45×10^{-12}	$Sn(OH)_2$	1.4×10^{-28}
$BaCO_3$	5.1×10^{-9}	$Sr(OH)_2$	9×10^{-4}
$CaCO_3$	3.36×10^{-9}	$Zn(OH)_2$	1.2×10^{-17}
$CdCO_3$	1.0×10^{-12}	$Ag_2C_2O_4$	5.4×10^{-12}
$CuCO_3$	1.4×10^{-10}	BaC_2O_4	1.6×10^{-7}
$FeCO_3$	3.13×10^{-11}	$CaC_2O_4 \cdot H_2O$	4×10^{-9}

化合物	溶度积	化合物	溶度积
Hg_2CO_3	3.6×10^{-17}	CuC_2O_4	4.43×10^{-10}
$MgCO_3$	6.82×10^{-6}	$FeC_2O_4 \cdot 2H_2O$	3.2×10^{-7}
$MnCO_3$	2.24×10^{-11}	$Hg_2C_2O_4$	1.75×10^{-13}
$NiCO_3$	1.42×10^{-7}	$MgC_2O_4 \cdot 2H_2O$	4.83×10^{-6}
$PbCO_3$	7.4×10^{-14}	$MnC_2O_4 \cdot 2H_2O$	1.70×10^{-7}
$SrCO_3$	5.6×10^{-10}	PbC_2O_4	8.51×10^{-10}
$ZnCO_3$	1.46×10^{-10}	$SrC_2O_4 \cdot H_2O$	1.6×10^{-7}
Ag_2CrO_4	1.12×10^{-12}	$ZnC_2O_4 \cdot 2H_2O$	1.38×10^{-9}
$Ag_2Cr_2O_7$	2.0×10^{-7}	Ag_2SO_4	1.4×10^{-5}
$BaCrO_4$	1.2×10^{-10}	$BaSO_4$	1.1×10^{-10}
$CaCrO_4$	7.1×10^{-4}	$CaSO_4$	9.1×10^{-6}
$CuCrO_4$	3.6×10^{-6}	Hg_2SO_4	6.5×10^{-7}
Hg_2CrO_4	2.0×10^{-9}	$PbSO_4$	1.6×10^{-8}
$PbCrO_4$	2.8×10^{-13}	$SrSO_4$	3.2×10^{-7}
$SrCrO_4$	2.2×10^{-5}	Ag_3PO_4	1.4×10^{-16}
Ag_2S	6.3×10^{-50}	$AlPO_4$	6.3×10^{-19}
CdS	8.0×10^{-27}	$CaHPO_4$	1×10^{-7}
$CoS(\alpha 型)$	4.0×10^{-21}	$Ca_3(PO_4)_2$	2.0×10^{-29}
$CoS(\beta 型)$	2.0×10^{-25}	$Cd_3(PO_4)_2$	2.53×10^{-33}
Cu_2S	2.5×10^{-48}	$Cu_3(PO_4)_2$	1.40×10^{-37}
CuS	6.3×10^{-36}	$FePO_4 \cdot 2H_2O$	9.91×10^{-16}
FeS	6.3×10^{-18}	$MgNH_4PO_4$	2.5×10^{-13}
$HgS(黑色)$	1.6×10^{-52}	$Mg_3(PO_4)_2$	1.04×10^{-24}
$HgS(红色)$	4×10^{-53}	$Pb_3(PO_4)_2$	8.0×10^{-43}
$MnS(晶形)$	2.5×10^{-13}	$Zn_3(PO_4)_2$	9.0×10^{-33}
NiS	1.07×10^{-21}	$AgBrO_3$	5.3×10^{-5}
PbS	8.0×10^{-28}	$AgIO_3$	3.0×10^{-8}
SnS	1×10^{-25}	$Cu(IO_3)_2 \cdot H_2O$	7.4×10^{-8}
SnS_2	2×10^{-27}	$KHC_4H_4O_6(酒石酸氢钾)$	3×10^{-4}
ZnS	2.93×10^{-25}	$Al(8-羟基喹啉)_3$	5×10^{-33}
$[Ag^+][Ag(CN)_2^-]$	7.2×10^{-11}	$K_2Na[Co(NO_2)_6] \cdot H_2O$	2.2×10^{-11}
$Ag_4[Fe(CN)_6]$	1.6×10^{-41}	$Na(NH_4)_2[Co(NO_2)_6]$	4×10^{-12}
$Cu_2[Fe(CN)_6]$	1.3×10^{-16}	$Ni(丁二酮肟)_2$	4×10^{-24}
$AgSCN$	1.03×10^{-12}	$Mg(8-羟基喹啉)_2$	4×10^{-16}
$CuSCN$	4.8×10^{-15}	$Zn(8-羟基喹啉)_2$	5×10^{-25}

3. 配合物的稳定常数（stability constants of coordination compounds）

金属-无机配位体配合物的稳定常数

stability constants of metal ion-inorganic coordination compounds

序号	配位体	金属离子	配位体数目 n	$\lg\beta_n$
1	NH_3	Ag^+	1,2	3.24,7.05
		Au^{3+}	4	10.3
		Cd^{2+}	1,2,3,4,5,6	2.65,4.75,6.19,7.12,6.80,5.14
		Co^{2+}	1,2,3,4,5,6	2.11,3.74,4.79,5.55,5.73,5.11
		Co^{3+}	1,2,3,4,5,6	6.7,14.0,20.1,25.7,30.8,35.2
		Cu^+	1,2	5.93,10.86
		Cu^{2+}	1,2,3,4,5	4.31,7.98,11.02,13.32,12.86
		Fe^{2+}	1,2	1.4,2.2
		Hg^{2+}	1,2,3,4	8.8,17.5,18.5,19.28
		Mn^{2+}	1,2	0.8,1.3
		Ni^{2+}	1,2,3,4,5,6	2.80,5.04,6.77,7.96,8.71,8.74
		Pd^{2+}	1,2,3,4	9.6,18.5,26.0,32.8
		Pt^{2+}	6	35.3
		Zn^{2+}	1,2,3,4	2.37,4.81,7.31,9.46
2	Br^-	Ag^+	1,2,3,4	4.38,7.33,8.00,8.73
		Bi^{3+}	1,2,3,4,5,6	2.37,4.20,5.90,7.30,8.20,8.30
		Cd^{2+}	1,2,3,4	1.75,2.34,3.32,3.70,
		Ce^{3+}	1	0.42
		Cu^+	2	5.89
		Cu^{2+}	1	0.30
		Hg^{2+}	1,2,3,4	9.05,17.32,19.74,21.00
		In^{3+}	1,2	1.30,1.88
		Pb^{2+}	1,2,3,4	1.77,2.60,3.00,2.30
		Pd^{2+}	1,2,3,4	5.17,9.42,12.70,14.90
		Rh^{3+}	2,3,4,5,6	14.3,16.3,17.6,18.4,17.2
		Sc^{3+}	1,2	2.08,3.08
		Sn^{2+}	1,2,3	1.11,1.81,1.46
		Tl^{3+}	1,2,3,4,5,6	9.7,16.6,21.2,23.9,29.2,31.6
		U^{4+}	1	0.18
		Y^{3+}	1	1.32

序号	配位体	金属离子	配位体数目 n	$\lg\beta_n$
3	Cl^-	Ag^+	1,2,4	3.04,5.04,5.30
		Bi^{3+}	1,2,3,4	2.44,4.7,5.0,5.6
		Cd^{2+}	1,2,3,4	1.95,2.50,2.60,2.80
		Co^{3+}	1	1.42
		Cu^+	2,3	5.5,5.7
		Cu^{2+}	1,2	0.1,-0.6
		Fe^{2+}	1	1.17
		Fe^{3+}	2	9.8
		Hg^{2+}	1,2,3,4	6.74,13.22,14.07,15.07
		In^{3+}	1,2,3,4	1.62,2.44,1.70,1.60
		Pb^{2+}	1,2,3	1.42,2.23,3.23
		Pd^{2+}	1,2,3,4	6.1,10.7,13.1,15.7
		Pt^{2+}	2,3,4	11.5,14.5,16.0
		Sb^{3+}	1,2,3,4	2.26,3.49,4.18,4.72
		Sn^{2+}	1,2,3,4	1.51,2.24,2.03,1.48
		Tl^{3+}	1,2,3,4	8.14,13.60,15.78,18.00
		Th^{4+}	1,2	1.38,0.38
		Zn^{2+}	1,2,3,4	0.43,0.61,0.53,0.20
		Zr^{4+}	1,2,3,4	0.9,1.3,1.5,1.2
4	CN^-	Ag^+	2,3,4	21.1,21.7,20.6
		Au^+	2	38.3
		Cd^{2+}	1,2,3,4	5.48,10.60,15.23,18.78
		Cu^+	2,3,4	24.0,28.59,30.30
		Fe^{2+}	6	35.0
		Fe^{3+}	6	42.0
		Hg^{2+}	4	41.4
		Ni^{2+}	4	31.3
		Zn^{2+}	1,2,3,4	5.3,11.70,16.70,21.60
5	F^-	Al^{3+}	1,2,3,4,5,6	6.11,11.12,15.00,18.00,19.40,19.80
		Be^{2+}	1,2,3,4	4.99,8.80,11.60,13.10
		Bi^{3+}	1	1.42
		Co^{2+}	1	0.4
		Cr^{3+}	1,2,3	4.36,8.70,11.20
		Cu^{2+}	1	0.9
		Fe^{2+}	1	0.8
		Fe^{3+}	1,2,3,5	5.28,9.30,12.06,15.77
		Ga^{3+}	1,2,3	4.49,8.00,10.50

序号	配位体	金属离子	配位体数目 n	$\lg\beta_n$
5	F^-	Hf^{4+}	1,2,3,4,5,6	9.0,16.5,23.1,28.8,34.0,38.0
		Hg^{2+}	1	1.03
		In^{3+}	1,2,3,4	3.70,6.40,8.60,9.80
		Mg^{2+}	1	1.30
		Mn^{2+}	1	5.48
		Ni^{2+}	1	0.50
		Pb^{2+}	1,2	1.44,2.54
		Sb^{3+}	1,2,3,4	3.0,5.7,8.3,10.9
		Sn^{2+}	1,2,3	4.08,6.68,9.50
		Th^{4+}	1,2,3,4	8.44,15.08,19.80,23.20
		TiO^{2+}	1,2,3,4	5.4,9.8,13.7,18.0
		Zn^{2+}	1	0.78
		Zr^{4+}	1,2,3,4,5,6	9.4,17.2,23.7,29.5,33.5,38.3
6	I^-	Ag^+	1,2,3	6.58,11.74,13.68
		Bi^{3+}	1,4,5,6	3.63,14.95,16.80,18.80
		Cd^{2+}	1,2,3,4	2.10,3.43,4.49,5.41
		Cu^+	2	8.85
		Fe^{3+}	1	1.88
		Hg^{2+}	1,2,3,4	12.87,23.82,27.60,29.83
		Pb^{2+}	1,2,3,4	2.00,3.15,3.92,4.47
		Pd^{2+}	4	24.5
		Tl^+	1,2,3	0.72,0.90,1.08
		Tl^{3+}	1,2,3,4	11.41,20.88,27.60,31.82
7	OH^-	Ag^+	1,2	2.0,3.99
		Al^{3+}	1,4	9.27,33.03
		As^{3+}	1,2,3,4	14.33,18.73,20.60,21.20
		Be^{2+}	1,2,3	9.7,14.0,15.2
		Bi^{3+}	1,2,4	12.7,15.8,35.2
		Ca^{2+}	1	1.3
		Cd^{2+}	1,2,3,4	4.17,8.33,9.02,8.62
		Ce^{3+}	1	4.6
		Ce^{4+}	1,2	13.28,26.46
		Co^{2+}	1,2,3,4	4.3,8.4,9.7,10.2
		Cr^{3+}	1,2,4	10.1,17.8,29.9
		Cu^{2+}	1,2,3,4	7.0,13.68,17.00,18.5
		Fe^{2+}	1,2,3,4	5.56,9.77,9.67,8.58

序号	配位体	金属离子	配位体数目 n	$\lg\beta_n$
7	OH$^-$	Fe^{3+}	1,2,3	11.87,21.17,29.67
		Hg^{2+}	1,2,3	10.6,21.8,20.9
		In^{3+}	1,2,3,4	10.0,20.2,29.6,38.9
		Mg^{2+}	1	2.58
		Mn^{2+}	1,3	3.9,8.3
		Ni^{2+}	1,2,3	4.97,8.55,11.33
		Pa^{4+}	1,2,3,4	14.04,27.84,40.7,51.4
		Pb^{2+}	1,2,3	7.82,10.85,14.58
		Pd^{2+}	1,2	13.0,25.8
		Sb^{3+}	2,3,4	24.3,36.7,38.3
		Sc^{3+}	1	8.9
		Sn^{2+}	1	10.4
		Th^{3+}	1,2	12.86,25.37
		Ti^{3+}	1	12.71
		Zn^{2+}	1,2,3,4	4.40,11.30,14.14,17.66
		Zr^{4+}	1,2,3,4	14.3,28.3,41.9,55.3
8	NO$_3^-$	Ba^{2+}	1	0.92
		Bi^{3+}	1	1.26
		Ca^{2+}	1	0.28
		Cd^{2+}	1	0.40
		Fe^{3+}	1	1.0
		Hg^{2+}	1	0.35
		Pb^{2+}	1	1.18
		Tl$^+$	1	0.33
		Tl^{3+}	1	0.92
9	P$_2$O$_7^{4-}$	Ba^{2+}	1	4.6
		Ca^{2+}	1	4.6
		Cd^{3+}	1	5.6
		Co^{2+}	1	6.1
		Cu^{2+}	1,2	6.7,9.0
		Hg^{2+}	2	12.38
		Mg^{2+}	1	5.7
		Ni^{2+}	1,2	5.8,7.4
		Pb^{2+}	1,2	7.3,10.15
		Zn^{2+}	1,2	8.7,11.0

序号	配位体	金属离子	配位体数目 n	$\lg\beta_n$
10	SCN⁻	Ag^+	1,2,3,4	4.6,7.57,9.08,10.08
		Bi^{3+}	1,2,3,4,5,6	1.67,3.00,4.00,4.80,5.50,6.10
		Cd^{2+}	1,2,3,4	1.39,1.98,2.58,3.6
		Cr^{3+}	1,2	1.87,2.98
		Cu^+	1,2	12.11,5.18
		Cu^{2+}	1,2	1.90,3.00
		Fe^{3+}	1,2,3,4,5,6	2.21,3.64,5.00,6.30,6.20,6.10
		Hg^{2+}	1,2,3,4	9.08,16.86,19.70,21.70
		Ni^{2+}	1,2,3	1.18,1.64,1.81
		Pb^{2+}	1,2,3	0.78,0.99,1.00
		Sn^{2+}	1,2,3	1.17,1.77,1.74
		Th^{4+}	1,2	1.08,1.78
		Zn^{2+}	1,2,3,4	1.33,1.91,2.00,1.60
11	$S_2O_3^{2-}$	Ag^+	1,2	8.82,13.46
		Cd^{2+}	1,2	3.92,6.44
		Cu^+	1,2,3	10.27,12.22,13.84
		Fe^{3+}	1	2.10
		Hg^{2+}	2,3,4	29.44,31.90,33.24
		Pb^{2+}	2,3	5.13,6.35
12	SO_4^{2-}	Ag^+	1	1.3
		Ba^{2+}	1	2.7
		Bi^{3+}	1,2,3,4,5	1.98,3.41,4.08,4.34,4.60
		Fe^{3+}	1,2	4.04,5.38
		Hg^{2+}	1,2	1.34,2.40
		In^{3+}	1,2,3	1.78,1.88,2.36
		Ni^{2+}	1	2.4
		Pb^{2+}	1	2.75
		Pr^{3+}	1,2	3.62,4.92
		Th^{4+}	1,2	3.32,5.50
		Zr^{4+}	1,2,3	3.79,6.64,7.77

金属-有机配位体配合物的稳定常数

stability constants of metal ion-organic coordination compounds

序号	配位体	金属离子	配位体数目 n	$\lg\beta_n$
		Ag^+	1	7.32
		Al^{3+}	1	16.11
		Ba^{2+}	1	7.78
		Be^{2+}	1	9.3
		Bi^{3+}	1	22.8
		Ca^{2+}	1	11.0
		Cd^{2+}	1	16.4
		Co^{2+}	1	16.31
		Co^{3+}	1	36.0
		Cr^{3+}	1	23.0
		Cu^{2+}	1	18.7
		Fe^{2+}	1	14.83
		Fe^{3+}	1	24.23
		Ga^{3+}	1	20.25
		Hg^{2+}	1	21.80
		In^{3+}	1	24.95
	乙二胺四乙酸	Li^+	1	2.79
1	(EDTA)	Mg^{2+}	1	8.64
	$[(HOOCCH_2)_2NCH_2]_2$	Mn^{2+}	1	13.8
		$Mo(V)$	1	6.36
		Na^+	1	1.66
		Ni^{2+}	1	18.56
		Pb^{2+}	1	18.3
		Pd^{2+}	1	18.5
		Sc^{2+}	1	23.1
		Sn^{2+}	1	22.1
		Sr^{2+}	1	8.80
		Th^{4+}	1	23.2
		TiO^{2+}	1	17.3
		Tl^{3+}	1	22.5
		U^{4+}	1	17.50
		VO^{2+}	1	18.0
		Y^{3+}	1	18.32
		Zn^{2+}	1	16.4
		Zr^{4+}	1	19.4

续表

序号	配位体	金属离子	配位体数目 n	$\lg\beta_n$
2	乙酸 (acetic acid) CH_3COOH	Ag^+	1,2	0.73,0.64
		Ba^{2+}	1	0.41
		Ca^{2+}	1	0.6
		Cd^{2+}	1,2,3	1.5,2.3,2.4
		Ce^{3+}	1,2,3,4	1.68,2.69,3.13,3.18
		Co^{2+}	1,2	1.5,1.9
		Cr^{3+}	1,2,3	4.63,7.08,9.60
		$Cu^{2+}(20℃)$	1,2	2.16,3.20
		In^{3+}	1,2,3,4	3.50,5.95,7.90,9.08
		Mn^{2+}	1,2	9.84,2.06
		Ni^{2+}	1,2	1.12,1.81
		Pb^{2+}	1,2,3,4	2.52,4.0,6.4,8.5
		Sn^{2+}	1,2,3	3.3,6.0,7.3
		Tl^{3+}	1,2,3,4	6.17,11.28,15.10,18.3
		Zn^{2+}	1	1.5
3	乙酰丙酮 (acetyl acetone) $CH_3COCH_2CH_3$	$Al^{3+}(30℃)$	1,2	8.6,15.5
		Cd^{2+}	1,2	3.84,6.66
		Co^{2+}	1,2	5.40,9.54
		Cr^{2+}	1,2	5.96,11.7
		Cu^{2+}	1,2	8.27,16.34
		Fe^{2+}	1,2	5.07,8.67
		Fe^{3+}	1,2,3	11.4,22.1,26.7
		Hg^{2+}	2	21.5
		Mg^{2+}	1,2	3.65,6.27
		Mn^{2+}	1,2	4.24,7.35
		Mn^{3+}	3	3.86
		$Ni^{2+}(20℃)$	1,2,3	6.06,10.77,13.09
		Pb^{2+}	2	6.32
		$Pd^{2+}(30℃)$	1,2	16.2,27.1
		Th^{4+}	1,2,3,4	8.8,16.2,22.5,26.7
		Ti^{3+}	1,2,3	10.43,18.82,24.90
		V^{2+}	1,2,3	5.4,10.2,14.7
		$Zn^{2+}(30℃)$	1,2	4.98,8.81
		Zr^{4+}	1,2,3,4	8.4,16.0,23.2,30.1

序号	配位体	金属离子	配位体数目 n	$\lg\beta_n$
		Ag^+	1	2.41
		Al^{3+}	1,2,3	7.26,13.0,16.3
		Ba^{2+}	1	2.31
		Ca^{2+}	1	3.0
		Cd^{2+}	1,2	3.52,5.77
		Co^{2+}	1,2,3	4.79,6.7,9.7
		Cu^{2+}	1,2	6.23,10.27
		Fe^{2+}	1,2,3	2.9,4.52,5.22
		Fe^{3+}	1,2,3	9.4,16.2,20.2
4	草酸(oxalic acid)	Hg^{2+}	1	9.66
	HOOCCOOH	Hg_2^{2+}	2	6.98
		Mg^{2+}	1,2	3.43,4.38
		Mn^{2+}	1,2	3.97,5.80
		Mn^{3+}	1,2,3	9.98,16.57,19.42
		Ni^{2+}	1,2,3	5.3,7.64,约8.5
		Pb^{2+}	1,2	4.91,6.76
		Sc^{3+}	1,2,3,4	6.86,11.31,14.32,16.70
		Th^{4+}	4	24.48
		Zn^{2+}	1,2,3	4.89,7.60,8.15
		Zr^{4+}	1,2,3,4	9.80,17.14,20.86,21.15
		Ba^{2+}	1	0.64
		Ca^{2+}	1	1.42
		Cd^{2+}	1	1.70
		Co^{2+}	1	1.90
		Cu^{2+}	1,2	3.02,4.85
		Fe^{3+}	1	7.1
5	乳酸(lactic acid)	Mg^{2+}	1	1.37
	$CH_3CHOHCOOH$	Mn^{2+}	1	1.43
		Ni^{2+}	1	2.22
		Pb^{2+}	1,2	2.40,3.80
		Sc^{2+}	1	5.2
		Th^{4+}	1	5.5
		Zn^{2+}	1,2	2.20,3.75

续表

序号	配位体	金属离子	配位体数目 n	$\lg\beta_n$
6	水杨酸 (salicylic acid) $C_6H_4(OH)COOH$	Al^{3+}	1	14.11
		Cd^{2+}	1	5.55
		Co^{2+}	1,2	6.72,11.42
		Cr^{2+}	1,2	8.4,15.3
		Cu^{2+}	1,2	10.60,18.45
		Fe^{2+}	1,2	6.55,11.25
		Mn^{2+}	1,2	5.90,9.80
		Ni^{2+}	1,2	6.95,11.75
		Th^{4+}	1,2,3,4	4.25,7.60,10.05,11.60
		TiO^{2+}	1	6.09
		V^{2+}	1	6.3
		Zn^{2+}	1	6.85
7	磺基水杨酸 (5-sulfosalicylic acid) $HO_3SC_6H_3(OH)COOH$	Al^{3+} (0.1mol/L)	1,2,3	13.20,22.83,28.89
		Be^{2+} (0.1mol/L)	1,2	11.71,20.81
		Cd^{2+} (0.1mol/L)	1,2	16.68,29.08
		Co^{2+} (0.1mol/L)	1,2	6.13,9.82
		Cr^{3+} (0.1mol/L)	1	9.56
		Cu^{2+} (0.1mol/L)	1,2	9.52,16.45
		Fe^{2+} (0.1mol/L)	1,2	5.9,9.9
		Fe^{3+} (0.1mol/L)	1,2,3	14.64,25.18,32.12
		Mn^{2+} (0.1mol/L)	1,2	5.24,8.24
		Ni^{2+} (0.1mol/L)	1,2	6.42,10.24
		Zn^{2+} (0.1mol/L)	1,2	6.05,10.65
8	酒石酸 (tartaric acid) $(HOOCCHOH)_2$	Ba^{2+}	2	1.62
		Bi^{3+}	3	8.30
		Ca^{2+}	1,2	2.98,9.01
		Cd^{2+}	1	2.8
		Co^{2+}	1	2.1
		Cu^{2+}	1,2,3,4	3.2,5.11,4.78,6.51
		Fe^{3+}	1	7.49
		Hg^{2+}	1	7.0
		Mg^{2+}	2	1.36
		Mn^{2+}	1	2.49
		Ni^{2+}	1	2.06
		Pb^{2+}	1,3	3.78,4.7
		Sn^{2+}	1	5.2
		Zn^{2+}	1,2	2.68,8.32

续表

序号	配位体	金属离子	配位体数目 n	$\lg\beta_n$
		Ba^{2+}	1	2.08
		Be^{2+}	1	3.08
		Ca^{2+}	1	2.0
		Cd^{2+}	1	2.2
		Co^{2+}	1	2.22
	丁二酸	Cu^{2+}	1	3.33
9	（butanedioic acid）	Fe^{3+}	1	7.49
	$HOOCCH_2CH_2COOH$	Hg^{2+}	2	7.28
		Mg^{2+}	1	1.20
		Mn^{2+}	1	2.26
		Ni^{2+}	1	2.36
		Pb^{2+}	1	2.8
		Zn^{2+}	1	1.6
	硫脲	Ag^+	1,2	7.4,13.1
	（thiourea）	Bi^{3+}	6	11.9
10	S‖	Cd^{2+}	1,2,3,4	0.6,1.6,2.6,4.6
	H_2NCNH_2	Cu^+	3,4	13.0,15.4
		Hg^{2+}	2,3,4	22.1,24.7,26.8
		Pb^{2+}	1,2,3,4	1.4,3.1,4.7,8.3
		Ag^+	1,2	4.70,7.70
		$Cd^{2+}(20℃)$	1,2,3	5.47,10.09,12.09
		Co^{2+}	1,2,3	5.91,10.64,13.94
		Co^{3+}	1,2,3	18.7,34.9,48.69
		Cr^{2+}	1,2	5.15,9.19
		Cu^+	2	10.8
	乙二胺	Cu^{2+}	1,2,3	10.67,20.0,21.0
11	（ethyoenediamine）	Fe^{2+}	1,2,3	4.34,7.65,9.70
	$H_2NCH_2CH_2NH_2$	Hg^{2+}	1,2	14.3,23.3
		Mg^{2+}	1	0.37
		Mn^{2+}	1,2,3	2.73,4.79,5.67
		Ni^{2+}	1,2,3	7.52,13.84,18.33
		Pd^{2+}	2	26.90
		V^{2+}	1,2	4.6,7.5
		Zn^{2+}	1,2,3	5.77,10.83,14.11

续表

序号	配位体	金属离子	配位体数目 n	$\lg\beta_n$
12	吡啶 （pyridine） C_5H_5N	Ag^+	1,2	1.97,4.35
		Cd^{2+}	1,2,3,4	1.40,1.95,2.27,2.50
		Co^{2+}	1,2	1.14,1.54
		Cu^{2+}	1,2,3,4	2.59,4.33,5.93,6.54
		Fe^{2+}	1	0.71
		Hg^{2+}	1,2,3	5.1,10.0,10.4
		Mn^{2+}	1,2,3,4	1.92,2.77,3.37,3.50
		Zn^{2+}	1,2,3,4	1.41,1.11,1.61,1.93
13	甘氨酸 （glycine） H_2NCH_2COOH	Ag^+	1,2	3.41,6.89
		Ba^{2+}	1	0.77
		Ca^{2+}	1	1.38
		Cd^{2+}	1,2	4.74,8.60
		Co^{2+}	1,2,3	5.23,9.25,10.76
		Cu^{2+}	1,2,3	8.60,15.54,16.27
		$Fe^{2+}(20℃)$	1,2	4.3,7.8
		Hg^{2+}	1,2	10.3,19.2
		Mg^{2+}	1,2	3.44,6.46
		Mn^{2+}	1,2	3.6,6.6
		Ni^{2+}	1,2,3	6.18,11.14,15.0
		Pb^{2+}	1,2	5.47,8.92
		Pd^{2+}	1,2	9.12,17.55
		Zn^{2+}	1,2	5.52,9.96
14	2-甲基-8-羟基喹啉 （50%二噁烷） （8-hydroxy-2-methyl quinoline）	Cd^{2+}	1,2,3	9.00,9.00,16.60
		Ce^{3+}	1	7.71
		Co^{2+}	1,2	9.63,18.50
		Cu^{2+}	1,2	12.48,24.00
		Fe^{2+}	1,2	8.75,17.10
		Mg^{2+}	1,2	5.24,9.64
		Mn^{2+}	1,2	7.44,13.99
		Ni^{2+}	1,2	9.41,17.76
		Pb^{2+}	1,2	10.30,18.50
		UO_2^{2+}	1,2	9.4,17.0
		Zn^{2+}	1,2	9.82,18.72

EDTA 的 $lg\alpha_{Y(H)}$ 值

$lg\alpha_{Y(H)}$ values of EDTA

pH	$lg\alpha_{Y(H)}$	pH	$lg\alpha_{Y(H)}$	pH	$lg\alpha_{Y(H)}$	pH	$lg\alpha_{Y(H)}$	pH	$lg\alpha_{Y(H)}$
0.0	23.64	2.5	11.90	5.0	6.45	7.5	2.78	10.0	0.45
0.1	23.06	2.6	11.62	5.1	6.26	7.6	2.68	10.1	0.39
0.2	22.47	2.7	11.35	5.2	6.07	7.7	2.57	10.2	0.33
0.3	21.89	2.8	11.09	5.3	5.88	7.8	2.47	10.3	0.28
0.4	21.32	2.9	10.84	5.4	5.69	7.9	2.37	10.4	0.24
0.5	20.75	3.0	10.60	5.5	5.51	8.0	2.27	10.5	0.20
0.6	20.18	3.1	10.37	5.6	5.33	8.1	2.17	10.6	0.16
0.7	19.62	3.2	10.14	5.7	5.15	8.2	2.07	10.7	0.13
0.8	19.08	3.3	9.92	5.8	4.98	8.3	1.97	10.8	0.11
0.9	18.54	3.4	9.70	5.9	4.81	8.4	1.87	10.9	0.09
1.0	18.01	3.5	9.48	6.0	4.65	8.5	1.77	11.0	0.07
1.1	17.49	3.6	9.27	6.1	4.49	8.6	1.67	11.1	0.06
1.2	16.98	3.7	9.06	6.2	4.34	8.7	1.57	11.2	0.05
1.3	16.49	3.8	8.85	6.3	4.20	8.8	1.48	11.3	0.04
1.4	16.02	3.9	8.65	6.4	4.06	8.9	1.38	11.4	0.03
1.5	15.55	4.0	8.44	6.5	3.92	9.0	1.28	11.5	0.02
1.6	15.11	4.1	8.24	6.6	3.79	9.1	1.19	11.6	0.02
1.7	14.68	4.2	8.04	6.7	3.67	9.2	1.10	11.7	0.02
1.8	14.27	4.3	7.84	6.8	3.55	9.3	1.01	11.8	0.01
1.9	13.88	4.4	7.64	6.9	3.43	9.4	0.92	11.9	0.01
2.0	13.51	4.5	7.44	7.0	3.32	9.5	0.83	12.0	0.01
2.1	13.16	4.6	7.24	7.1	3.21	9.6	0.75	12.1	0.01
2.2	12.82	4.7	7.04	7.2	3.10	9.7	0.67	12.2	0.005
2.3	12.50	4.8	6.84	7.3	2.99	9.8	0.59	13.0	0.0008
2.4	12.19	4.9	6.65	7.4	2.88	9.9	0.52	13.9	0.0001

　　络合反应的平衡常数用配合物稳定常数表示，又称配合物形成常数。此常数值越大，说明形成的配合物越稳定。其倒数用来表示配合物的解离程度，称为配合物的不稳定常数。以上表格中，除特别说明外是在 25℃ 下，离子强度 $I=0$（或 $I\approx0$）。表中 β_n 表示累积稳定常数。

附录五　标准电极电势

standard electrode potentials

序号(No.)	电极过程(electrode process)	$E_A^{\ominus}/V$
1	$Ag^+ + e^- \Longrightarrow Ag$	0.7996
2	$Ag^{2+} + e^- \Longrightarrow Ag^+$	1.980
3	$AgBr + e^- \Longrightarrow Ag + Br^-$	0.0713

序号(No.)	电极过程(electrode process)	$E_A^{\ominus}/V$
4	$AgBrO_3+e^-{=\!=\!=}Ag+BrO_3^-$	0.546
5	$AgCl+e^-{=\!=\!=}Ag+Cl^-$	0.222
6	$AgCN+e^-{=\!=\!=}Ag+CN^-$	-0.017
7	$Ag_2CO_3+2e^-{=\!=\!=}2Ag+CO_3^{2-}$	0.470
8	$Ag_2C_2O_4+2e^-{=\!=\!=}2Ag+C_2O_4^{2-}$	0.465
9	$Ag_2CrO_4+2e^-{=\!=\!=}2Ag+CrO_4^{2-}$	0.447
10	$AgF+e^-{=\!=\!=}Ag+F^-$	0.779
11	$Ag_4[Fe(CN)_6]+4e^-{=\!=\!=}4Ag+[Fe(CN)_6]^{4-}$	0.148
12	$AgI+e^-{=\!=\!=}Ag+I^-$	-0.152
13	$AgIO_3+e^-{=\!=\!=}Ag+IO_3^-$	0.354
14	$Ag_2MoO_4+2e^-{=\!=\!=}2Ag+MoO_4^{2-}$	0.457
15	$[Ag(NH_3)_2]^++e^-{=\!=\!=}Ag+2NH_3$	0.373
16	$AgNO_2+e^-{=\!=\!=}Ag+NO_2^-$	0.564
17	$Ag_2O+H_2O+2e^-{=\!=\!=}2Ag+2OH^-$	0.342
18	$2AgO+H_2O+2e^-{=\!=\!=}Ag_2O+2OH^-$	0.607
19	$Ag_2S+2e^-{=\!=\!=}2Ag+S^{2-}$	-0.691
20	$Ag_2S+2H^++2e^-{=\!=\!=}2Ag+H_2S$	-0.0366
21	$AgSCN+e^-{=\!=\!=}Ag+SCN^-$	0.0895
22	$Ag_2SeO_4+2e^-{=\!=\!=}2Ag+SeO_4^{2-}$	0.363
23	$Ag_2SO_4+2e^-{=\!=\!=}2Ag+SO_4^{2-}$	0.654
24	$Ag_2WO_4+2e^-{=\!=\!=}2Ag+WO_4^{2-}$	0.466
25	$Al^{3+}+3e^-{=\!=\!=}Al$	-1.662
26	$AlF_6^{3-}+3e^-{=\!=\!=}Al+6F^-$	-2.069
27	$Al(OH)_3+3e^-{=\!=\!=}Al+3OH^-$	-2.31
28	$AlO_2^-+2H_2O+3e^-{=\!=\!=}Al+4OH^-$	-2.35
29	$AmO_2^{2+}+4H^++3e^-{=\!=\!=}Am^{3+}+2H_2O$	1.75
30	$As+3H^++3e^-{=\!=\!=}AsH_3$	-0.608
31	$As+3H_2O+3e^-{=\!=\!=}AsH_3+3OH^-$	-1.37
32	$As_2O_3+6H^++6e^-{=\!=\!=}2As+3H_2O$	0.234
33	$HAsO_2+3H^++3e^-{=\!=\!=}As+2H_2O$	0.248
34	$AsO_2^-+2H_2O+3e^-{=\!=\!=}As+4OH^-$	-0.68
35	$H_3AsO_4+2H^++2e^-{=\!=\!=}HAsO_2+2H_2O$	0.560
36	$AsO_4^{3-}+2H_2O+2e^-{=\!=\!=}AsO_2^-+4OH^-$	-0.71

序号(No.)	电极过程(electrode process)	$E_A^{\ominus}/V$
37	$AsS_2^- + 3e^- \Longrightarrow As + 2S^{2-}$	-0.75
38	$AsS_4^{3-} + 2e^- \Longrightarrow AsS_2^- + 2S^{2-}$	-0.60
39	$Au^+ + e^- \Longrightarrow Au$	1.692
40	$Au^{3+} + 3e^- \Longrightarrow Au$	1.498
41	$Au^{3+} + 2e^- \Longrightarrow Au^+$	1.401
42	$AuBr_2^- + e^- \Longrightarrow Au + 2Br^-$	0.959
43	$AuBr_4^- + 3e^- \Longrightarrow Au + 4Br^-$	0.854
44	$AuCl_2^- + e^- \Longrightarrow Au + 2Cl^-$	1.15
45	$AuCl_4^- + 3e^- \Longrightarrow Au + 4Cl^-$	1.002
46	$AuI + e^- \Longrightarrow Au + I^-$	0.50
47	$Au(SCN)_4^- + 3e^- \Longrightarrow Au + 4SCN^-$	0.66
48	$Au(OH)_3 + 3H^+ + 3e^- \Longrightarrow Au + 3H_2O$	1.45
49	$BF_4^- + 3e^- \Longrightarrow B + 4F^-$	-1.04
50	$H_2BO_3^- + H_2O + 3e^- \Longrightarrow B + 4OH^-$	-1.79
51	$B(OH)_3 + 7H^+ + 8e^- \Longrightarrow BH_4^- + 3H_2O$	-0.481
52	$Ba^{2+} + 2e^- \Longrightarrow Ba$	-2.912
53	$Ba(OH)_2 + 2e^- \Longrightarrow Ba + 2OH^-$	-2.99
54	$Be^{2+} + 2e^- \Longrightarrow Be$	-1.847
55	$Be_2O_3^{2-} + 3H_2O + 4e^- \Longrightarrow 2Be + 6OH^-$	-2.63
56	$Bi^+ + e^- \Longrightarrow Bi$	0.5
57	$Bi^{3+} + 3e^- \Longrightarrow Bi$	0.308
58	$BiCl_4^- + 3e^- \Longrightarrow Bi + 4Cl^-$	0.16
59	$BiOCl + 2H^+ + 3e^- \Longrightarrow Bi + Cl^- + H_2O$	0.16
60	$Bi_2O_3 + 3H_2O + 6e^- \Longrightarrow 2Bi + 6OH^-$	-0.46
61	$Bi_2O_4 + 4H^+ + 2e^- \Longrightarrow 2BiO^+ + 2H_2O$	1.593
62	$Bi_2O_4 + H_2O + 2e^- \Longrightarrow Bi_2O_3 + 2OH^-$	0.56
63	$Br_2(aq.) + 2e^- \Longrightarrow 2Br^-$	1.087
64	$Br_2(l) + 2e^- \Longrightarrow 2Br^-$	1.066
65	$BrO^- + H_2O + 2e^- \Longrightarrow Br^- + 2OH^-$	0.761
66	$BrO_3^- + 6H^+ + 6e^- \Longrightarrow Br^- + 3H_2O$	1.423
67	$BrO_3^- + 3H_2O + 6e^- \Longrightarrow Br^- + 6OH^-$	0.61
68	$2BrO_3^- + 12H^+ + 10e^- \Longrightarrow Br_2 + 6H_2O$	1.482
69	$HBrO + H^+ + 2e^- \Longrightarrow Br^- + H_2O$	1.331

序号(No.)	电极过程(electrode process)	$E_A^\ominus/V$
70	$2HBrO+2H^++2e^- \Longrightarrow Br_2(aq.)+2H_2O$	1.574
71	$CH_3OH+2H^++2e^- \Longrightarrow CH_4+H_2O$	0.59
72	$HCHO+2H^++2e^- \Longrightarrow CH_3OH$	0.19
73	$CH_3COOH+2H^++2e^- \Longrightarrow CH_3CHO+H_2O$	-0.12
74	$(CN)_2+2H^++2e^- \Longrightarrow 2HCN$	0.373
75	$(CNS)_2+2e^- \Longrightarrow 2CNS^-$	0.77
76	$CO_2+2H^++2e^- \Longrightarrow CO+H_2O$	-0.12
77	$CO_2+2H^++2e^- \Longrightarrow HCOOH$	-0.199
78	$Ca^{2+}+2e^- \Longrightarrow Ca$	-2.868
79	$Ca(OH)_2+2e^- \Longrightarrow Ca+2OH^-$	-3.02
80	$Cd^{2+}+2e^- \Longrightarrow Cd$	-0.403
81	$Cd^{2+}+2e^- \Longrightarrow Cd(Hg)$	-0.352
82	$Cd(CN)_4^{2-}+2e^- \Longrightarrow Cd+4CN^-$	-1.09
83	$CdO+H_2O+2e^- \Longrightarrow Cd+2OH^-$	-0.783
84	$CdS+2e^- \Longrightarrow Cd+S^{2-}$	-1.17
85	$CdSO_4+2e^- \Longrightarrow Cd+SO_4^{2-}$	-0.246
86	$Ce^{3+}+3e^- \Longrightarrow Ce$	-2.336
87	$Ce^{3+}+3e^- \Longrightarrow Ce(Hg)$	-1.437
88	$CeO_2+4H^++e^- \Longrightarrow Ce^{3+}+2H_2O$	1.4
89	$Cl_2(g)+2e^- \Longrightarrow 2Cl^-$	1.358
90	$ClO^-+H_2O+2e^- \Longrightarrow Cl^-+2OH^-$	0.89
91	$HClO+H^++2e^- \Longrightarrow Cl^-+H_2O$	1.482
92	$2HClO+2H^++2e^- \Longrightarrow Cl_2+2H_2O$	1.611
93	$ClO_2^-+2H_2O+4e^- \Longrightarrow Cl^-+4OH^-$	0.76
94	$2ClO_3^-+12H^++10e^- \Longrightarrow Cl_2+6H_2O$	1.47
95	$ClO_3^-+6H^++6e^- \Longrightarrow Cl^-+3H_2O$	1.451
96	$ClO_3^-+3H_2O+6e^- \Longrightarrow Cl^-+6OH^-$	0.62
97	$ClO_4^-+8H^++8e^- \Longrightarrow Cl^-+4H_2O$	1.38
98	$2ClO_4^-+16H^++14e^- \Longrightarrow Cl_2+8H_2O$	1.39
99	$Co^{2+}+2e^- \Longrightarrow Co$	-0.28
100	$[Co(NH_3)_6]^{3+}+e^- \Longrightarrow [Co(NH_3)_6]^{2+}$	0.108
101	$[Co(NH_3)_6]^{2+}+2e^- \Longrightarrow Co+6NH_3$	-0.43
102	$Co(OH)_2+2e^- \Longrightarrow Co+2OH^-$	-0.73

序号(No.)	电极过程(electrode process)	$E_A^{\ominus}/V$
103	$Co(OH)_3 + e^- \rightleftharpoons Co(OH)_2 + OH^-$	0.17
104	$Cr^{2+} + 2e^- \rightleftharpoons Cr$	-0.913
105	$Cr^{3+} + e^- \rightleftharpoons Cr^{2+}$	-0.407
106	$Cr^{3+} + 3e^- \rightleftharpoons Cr$	-0.744
107	$[Cr(CN)_6]^{3-} + e^- \rightleftharpoons [Cr(CN)_6]^{4-}$	-1.28
108	$Cr(OH)_3 + 3e^- \rightleftharpoons Cr + 3OH^-$	-1.48
109	$Cr_2O_7^{2-} + 14H^+ + 6e^- \rightleftharpoons 2Cr^{3+} + 7H_2O$	1.232
110	$CrO_2^- + 2H_2O + 3e^- \rightleftharpoons Cr + 4OH^-$	-1.2
111	$HCrO_4^- + 7H^+ + 3e^- \rightleftharpoons Cr^{3+} + 4H_2O$	1.350
112	$CrO_4^{2-} + 4H_2O + 3e^- \rightleftharpoons Cr(OH)_3 + 5OH^-$	-0.13
113	$Cs^+ + e^- \rightleftharpoons Cs$	-2.92
114	$Cu^+ + e^- \rightleftharpoons Cu$	0.521
115	$Cu^{2+} + 2e^- \rightleftharpoons Cu$	0.342
116	$Cu^{2+} + 2e^- \rightleftharpoons Cu(Hg)$	0.345
117	$Cu^{2+} + Br^- + e^- \rightleftharpoons CuBr$	0.66
118	$Cu^{2+} + Cl^- + e^- \rightleftharpoons CuCl$	0.57
119	$Cu^{2+} + I^- + e^- \rightleftharpoons CuI$	0.86
120	$Cu^{2+} + 2CN^- + e^- \rightleftharpoons [Cu(CN)_2]^-$	1.103
121	$CuBr_2^- + e^- \rightleftharpoons Cu + 2Br^-$	0.05
122	$CuCl_2^- + e^- \rightleftharpoons Cu + 2Cl^-$	0.19
123	$CuI_2^- + e^- \rightleftharpoons Cu + 2I^-$	0.00
124	$Cu_2O + H_2O + 2e^- \rightleftharpoons 2Cu + 2OH^-$	-0.360
125	$Cu(OH)_2 + 2e^- \rightleftharpoons Cu + 2OH^-$	-0.222
126	$2Cu(OH)_2 + 2e^- \rightleftharpoons Cu_2O + 2OH^- + H_2O$	-0.080
127	$CuS + 2e^- \rightleftharpoons Cu + S^{2-}$	-0.70
128	$CuSCN + e^- \rightleftharpoons Cu + SCN^-$	-0.27
129	$Dy^{2+} + 2e^- \rightleftharpoons Dy$	-2.2
130	$Dy^{3+} + 3e^- \rightleftharpoons Dy$	-2.295
131	$Er^{2+} + 2e^- \rightleftharpoons Er$	-2.0
132	$Er^{3+} + 3e^- \rightleftharpoons Er$	-2.331
133	$Es^{2+} + 2e^- \rightleftharpoons Es$	-2.23
134	$Es^{3+} + 3e^- \rightleftharpoons Es$	-1.91
135	$Eu^{2+} + 2e^- \rightleftharpoons Eu$	-2.812

序号(No.)	电极过程(electrode process)	$E_A^\ominus$/V
136	$Eu^{3+}+3e^-\rightleftharpoons Eu$	-1.991
137	$F_2+2H^++2e^-\rightleftharpoons 2HF$	3.053
138	$F_2O+2H^++4e^-\rightleftharpoons H_2O+2F^-$	2.153
139	$Fe^{2+}+2e^-\rightleftharpoons Fe$	-0.447
140	$Fe^{3+}+3e^-\rightleftharpoons Fe$	-0.037
141	$[Fe(CN)_6]^{3-}+e^-\rightleftharpoons [Fe(CN)_6]^{4-}$	0.358
142	$[Fe(CN)_6]^{4-}+2e^-\rightleftharpoons Fe+6CN^-$	-1.5
143	$FeF_6^{3-}+e^-\rightleftharpoons Fe^{2+}+6F^-$	0.4
144	$Fe(OH)_2+2e^-\rightleftharpoons Fe+2OH^-$	-0.877
145	$Fe(OH)_3+e^-\rightleftharpoons Fe(OH)_2+OH^-$	-0.56
146	$Fe_3O_4+8H^++2e^-\rightleftharpoons 3Fe^{2+}+4H_2O$	1.23
147	$Fm^{3+}+3e^-\rightleftharpoons Fm$	-1.89
148	$Fr^++e^-\rightleftharpoons Fr$	-2.9
149	$Ga^{3+}+3e^-\rightleftharpoons Ga$	-0.549
150	$H_2GaO_3^-+H_2O+3e^-\rightleftharpoons Ga+4OH^-$	-1.29
151	$Gd^{3+}+3e^-\rightleftharpoons Gd$	-2.279
152	$Ge^{2+}+2e^-\rightleftharpoons Ge$	0.24
153	$Ge^{4+}+2e^-\rightleftharpoons Ge^{2+}$	0.00
154	$GeO_2+2H^++2e^-\rightleftharpoons GeO(棕色)+H_2O$	-0.118
155	$GeO_2+2H^++2e^-\rightleftharpoons GeO(黄色)+H_2O$	-0.273
156	$H_2GeO_3+4H^++4e^-\rightleftharpoons Ge+3H_2O$	-0.182
157	$2H^++2e^-\rightleftharpoons H_2$	0.00
158	$H_2+2e^-\rightleftharpoons 2H^-$	-2.25
159	$2H_2O+2e^-\rightleftharpoons H_2+2OH^-$	-0.8277
160	$Hf^{4+}+4e^-\rightleftharpoons Hf$	-1.55
161	$Hg^{2+}+2e^-\rightleftharpoons Hg$	0.851
162	$Hg_2^{2+}+2e^-\rightleftharpoons 2Hg$	0.797
163	$2Hg^{2+}+2e^-\rightleftharpoons Hg_2^{2+}$	0.920
164	$Hg_2Br_2+2e^-\rightleftharpoons 2Hg+2Br^-$	0.1392
165	$HgBr_4^{2-}+2e^-\rightleftharpoons Hg+4Br^-$	0.21
166	$Hg_2Cl_2+2e^-\rightleftharpoons 2Hg+2Cl^-$	0.2681
167	$2HgCl_2+2e^-\rightleftharpoons Hg_2Cl_2+2Cl^-$	0.63
168	$Hg_2CrO_4+2e^-\rightleftharpoons 2Hg+CrO_4^{2-}$	0.54

序号(No.)	电极过程(electrode process)	$E_A^{\ominus}/V$
169	$Hg_2I_2 + 2e^- \Longrightarrow 2Hg + 2I^-$	−0.0405
170	$Hg_2O + H_2O + 2e^- \Longrightarrow 2Hg + 2OH^-$	0.123
171	$HgO + H_2O + 2e^- \Longrightarrow Hg + 2OH^-$	0.0977
172	$HgS(红色) + 2e^- \Longrightarrow Hg + S^{2-}$	−0.70
173	$HgS(黑色) + 2e^- \Longrightarrow Hg + S^{2-}$	−0.67
174	$Hg_2(SCN)_2 + 2e^- \Longrightarrow 2Hg + 2SCN^-$	0.22
175	$Hg_2SO_4 + 2e^- \Longrightarrow 2Hg + SO_4^{2-}$	0.613
176	$I_2 + 2e^- \Longrightarrow 2I^-$	0.5355
177	$I_3^- + 2e^- \Longrightarrow 3I^-$	0.536
178	$2IBr + 2e^- \Longrightarrow I_2 + 2Br^-$	1.02
179	$ICN + 2e^- \Longrightarrow I^- + CN^-$	0.30
180	$2HIO + 2H^+ + 2e^- \Longrightarrow I_2 + 2H_2O$	1.439
181	$HIO + H^+ + 2e^- \Longrightarrow I^- + H_2O$	0.987
182	$IO^- + H_2O + 2e^- \Longrightarrow I^- + 2OH^-$	0.485
183	$2IO_3^- + 12H^+ + 10e^- \Longrightarrow I_2 + 6H_2O$	1.195
184	$IO_3^- + 6H^+ + 6e^- \Longrightarrow I^- + 3H_2O$	1.085
185	$IO_3^- + 2H_2O + 4e^- \Longrightarrow IO^- + 4OH^-$	0.15
186	$IO_3^- + 3H_2O + 6e^- \Longrightarrow I^- + 6OH^-$	0.26
187	$2IO_3^- + 6H_2O + 10e^- \Longrightarrow I_2 + 12OH^-$	0.21
188	$H_5IO_6 + H^+ + 2e^- \Longrightarrow IO_3^- + 3H_2O$	1.601
189	$In^+ + e^- \Longrightarrow In$	−0.14
190	$In^{3+} + 3e^- \Longrightarrow In$	−0.338
191	$In(OH)_3 + 3e^- \Longrightarrow In + 3OH^-$	−0.99
192	$Ir^{3+} + 3e^- \Longrightarrow Ir$	1.156
193	$IrBr_6^{2-} + e^- \Longrightarrow IrBr_6^{3-}$	0.99
194	$IrCl_6^{2-} + e^- \Longrightarrow IrCl_6^{3-}$	0.867
195	$K^+ + e^- \Longrightarrow K$	−2.931
196	$La^{3+} + 3e^- \Longrightarrow La$	−2.379
197	$La(OH)_3 + 3e^- \Longrightarrow La + 3OH^-$	−2.90
198	$Li^+ + e^- \Longrightarrow Li$	−3.040
199	$Lr^{3+} + 3e^- \Longrightarrow Lr$	−1.96
200	$Lu^{3+} + 3e^- \Longrightarrow Lu$	−2.28
201	$Md^{2+} + 2e^- \Longrightarrow Md$	−2.40

续表

序号(No.)	电极过程(electrode process)	$E_A^{\ominus}/V$
202	$Md^{3+}+3e^-\!\Longrightarrow\!Md$	-1.65
203	$Mg^{2+}+2e^-\!\Longrightarrow\!Mg$	-2.372
204	$Mg(OH)_2+2e^-\!\Longrightarrow\!Mg+2OH^-$	-2.690
205	$Mn^{2+}+2e^-\!\Longrightarrow\!Mn$	-1.185
206	$Mn^{3+}+3e^-\!\Longrightarrow\!Mn$	1.542
207	$MnO_2+4H^++2e^-\!\Longrightarrow\!Mn^{2+}+2H_2O$	1.224
208	$MnO_4^-+4H^++3e^-\!\Longrightarrow\!MnO_2+2H_2O$	1.679
209	$MnO_4^-+8H^++5e^-\!\Longrightarrow\!Mn^{2+}+4H_2O$	1.507
210	$MnO_4^-+2H_2O+3e^-\!\Longrightarrow\!MnO_2+4OH^-$	0.595
211	$Mn(OH)_2+2e^-\!\Longrightarrow\!Mn+2OH^-$	-1.56
212	$Mo^{3+}+3e^-\!\Longrightarrow\!Mo$	-0.200
213	$MoO_4^{2-}+4H_2O+6e^-\!\Longrightarrow\!Mo+8OH^-$	-1.05
214	$N_2+2H_2O+6H^++6e^-\!\Longrightarrow\!2NH_4OH$	0.092
215	$2NH_3OH^++H^++2e^-\!\Longrightarrow\!N_2H_5^++2H_2O$	1.42
216	$2NO+H_2O+2e^-\!\Longrightarrow\!N_2O+2OH^-$	0.76
217	$2HNO_2+4H^++4e^-\!\Longrightarrow\!N_2O+3H_2O$	1.297
218	$NO_3^-+3H^++2e^-\!\Longrightarrow\!HNO_2+H_2O$	0.934
219	$NO_3^-+H_2O+2e^-\!\Longrightarrow\!NO_2^-+2OH^-$	0.01
220	$2NO_3^-+2H_2O+2e^-\!\Longrightarrow\!N_2O_4+4OH^-$	-0.85
221	$Na^++e^-\!\Longrightarrow\!Na$	-2.713
222	$Nb^{3+}+3e^-\!\Longrightarrow\!Nb$	-1.099
223	$NbO_2+4H^++4e^-\!\Longrightarrow\!Nb+2H_2O$	-0.690
224	$Nb_2O_5+10H^++10e^-\!\Longrightarrow\!2Nb+5H_2O$	-0.644
225	$Nd^{2+}+2e^-\!\Longrightarrow\!Nd$	-2.1
226	$Nd^{3+}+3e^-\!\Longrightarrow\!Nd$	-2.323
227	$Ni^{2+}+2e^-\!\Longrightarrow\!Ni$	-0.257
228	$NiCO_3+2e^-\!\Longrightarrow\!Ni+CO_3^{2-}$	-0.45
229	$Ni(OH)_2+2e^-\!\Longrightarrow\!Ni+2OH^-$	-0.72
230	$NiO_2+4H^++2e^-\!\Longrightarrow\!Ni^{2+}+2H_2O$	1.678
231	$O_2+4H^++4e^-\!\Longrightarrow\!2H_2O$	1.229
232	$O_2+2H_2O+4e^-\!\Longrightarrow\!4OH^-$	0.401
233	$O_3+H_2O+2e^-\!\Longrightarrow\!O_2+2OH^-$	1.24
234	$Os^{2+}+2e^-\!\Longrightarrow\!Os$	0.85
235	$OsO_4+8H^++8e^-\!\Longrightarrow\!Os+4H_2O$	0.838
236	$OsO_4+4H^++4e^-\!\Longrightarrow\!OsO_2+2H_2O$	1.02
237	$P+3H_2O+3e^-\!\Longrightarrow\!PH_3(g)+3OH^-$	-0.87

序号(No.)	电极过程(electrode process)	$E_A^\ominus/V$
238	$H_2PO_2^- + e^- \rightleftharpoons P + 2OH^-$	-1.82
239	$H_3PO_3 + 2H^+ + 2e^- \rightleftharpoons H_3PO_2 + H_2O$	-0.499
240	$H_3PO_3 + 3H^+ + 3e^- \rightleftharpoons P + 3H_2O$	-0.454
241	$H_3PO_4 + 2H^+ + 2e^- \rightleftharpoons H_3PO_3 + H_2O$	-0.276
242	$PO_4^{3-} + 2H_2O + 2e^- \rightleftharpoons HPO_3^{2-} + 3OH^-$	-1.05
243	$Pb^{2+} + 2e^- \rightleftharpoons Pb$	-0.126
244	$Pb^{2+} + 2e^- \rightleftharpoons Pb(Hg)$	-0.121
245	$PbBr_2 + 2e^- \rightleftharpoons Pb + 2Br^-$	-0.284
246	$PbCl_2 + 2e^- \rightleftharpoons Pb + 2Cl^-$	-0.268
247	$PbCO_3 + 2e^- \rightleftharpoons Pb + CO_3^{2-}$	-0.506
248	$PbF_2 + 2e^- \rightleftharpoons Pb + 2F^-$	-0.344
249	$PbI_2 + 2e^- \rightleftharpoons Pb + 2I^-$	-0.365
250	$PbO + H_2O + 2e^- \rightleftharpoons Pb + 2OH^-$	-0.580
251	$PbO + 2H^+ + 2e^- \rightleftharpoons Pb + H_2O$	0.25
252	$PbO_2 + 4H^+ + 2e^- \rightleftharpoons Pb^{2+} + 2H_2O$	1.455
253	$HPbO_2^- + H_2O + 2e^- \rightleftharpoons Pb + 3OH^-$	-0.537
254	$PbO_2 + SO_4^{2-} + 4H^+ + 2e^- \rightleftharpoons PbSO_4 + 2H_2O$	1.691
255	$PbSO_4 + 2e^- \rightleftharpoons Pb + SO_4^{2-}$	-0.359
256	$Pd^{2+} + 2e^- \rightleftharpoons Pd$	0.915
257	$PdBr_4^{2+} + 2e^- \rightleftharpoons Pd + 4Br^-$	0.6
258	$PdO_2 + H_2O + 2e^- \rightleftharpoons PdO + 2OH^-$	0.73
259	$Pd(OH)_2 + 2e^- \rightleftharpoons Pd + 2OH^-$	0.07
260	$Pt^{2+} + 2e^- \rightleftharpoons Pt$	1.18
261	$[PtCl_6]^{2-} + 2e^- \rightleftharpoons [PtCl_4]^{2-} + 2Cl^-$	0.68
262	$Pt(OH)_2 + 2e^- \rightleftharpoons Pt + 2OH^-$	0.14
263	$PtO_2 + 4H^+ + 4e^- \rightleftharpoons Pt + 2H_2O$	1.00
264	$PtS + 2e^- \rightleftharpoons Pt + S^{2-}$	-0.83
265	$Rb^+ + e^- \rightleftharpoons Rb$	-2.98
266	$Re^{3+} + 3e^- \rightleftharpoons Re$	0.300
267	$ReO_2 + 4H^+ + 4e^- \rightleftharpoons Re + 2H_2O$	0.251
268	$ReO_4^- + 4H^+ + 3e^- \rightleftharpoons ReO_2 + 2H_2O$	0.510
269	$ReO_4^- + 4H_2O + 7e^- \rightleftharpoons Re + 8OH^-$	-0.584

续表

序号（No.）	电极过程（electrode process）	$E_A^{\ominus}/V$
270	$Rh^{2+} + 2e^- \rightleftharpoons Rh$	0.600
271	$Rh^{3+} + 3e^- \rightleftharpoons Rh$	0.758
272	$Ru^{2+} + 2e^- \rightleftharpoons Ru$	0.455
273	$RuO_2 + 4H^+ + 2e^- \rightleftharpoons Ru^{2+} + 2H_2O$	1.120
274	$RuO_4 + 6H^+ + 4e^- \rightleftharpoons Ru(OH)_2^{2+} + 2H_2O$	1.40
275	$S + 2e^- \rightleftharpoons S^{2-}$	−0.476
276	$S + 2H^+ + 2e^- \rightleftharpoons H_2S(aq.)$	0.142
277	$S_2O_6^{2-} + 4H^+ + 2e^- \rightleftharpoons 2H_2SO_3$	0.564
278	$2SO_3^{2-} + 3H_2O + 4e^- \rightleftharpoons S_2O_3^{2-} + 6OH^-$	−0.571
279	$2SO_3^{2-} + 2H_2O + 2e^- \rightleftharpoons S_2O_4^{2-} + 4OH^-$	−1.12
280	$SO_4^{2-} + H_2O + 2e^- \rightleftharpoons SO_3^{2-} + 2OH^-$	−0.93
281	$Sb + 3H^+ + 3e^- \rightleftharpoons SbH_3$	−0.510
282	$Sb_2O_3 + 6H^+ + 6e^- \rightleftharpoons 2Sb + 3H_2O$	0.152
283	$Sb_2O_5 + 6H^+ + 4e^- \rightleftharpoons 2SbO^+ + 3H_2O$	0.581
284	$SbO_3^- + H_2O + 2e^- \rightleftharpoons SbO_2^- + 2OH^-$	−0.59
285	$Sc^{3+} + 3e^- \rightleftharpoons Sc$	−2.077
286	$Sc(OH)_3 + 3e^- \rightleftharpoons Sc + 3OH^-$	−2.6
287	$Se + 2e^- \rightleftharpoons Se^{2-}$	−0.924
288	$Se + 2H^+ + 2e^- \rightleftharpoons H_2Se(aq.)$	−0.399
289	$H_2SeO_3 + 4H^+ + 4e^- \rightleftharpoons Se + 3H_2O$	−0.74
290	$SeO_3^{2-} + 3H_2O + 4e^- \rightleftharpoons Se + 6OH^-$	−0.366
291	$SeO_4^{2-} + H_2O + 2e^- \rightleftharpoons SeO_3^{2-} + 2OH^-$	0.05
292	$Si + 4H^+ + 4e^- \rightleftharpoons SiH_4(g)$	0.102
293	$Si + 4H_2O + 4e^- \rightleftharpoons SiH_4 + 4OH^-$	−0.73
294	$SiF_6^{2-} + 4e^- \rightleftharpoons Si + 6F^-$	−1.24
295	$SiO_2 + 4H^+ + 4e^- \rightleftharpoons Si + 2H_2O$	−0.857
296	$SiO_3^{2-} + 3H_2O + 4e^- \rightleftharpoons Si + 6OH^-$	−1.697
297	$Sn^{2+} + 2e^- \rightleftharpoons Sn$	−0.138
298	$Sn^{4+} + 2e^- \rightleftharpoons Sn^{2+}$	0.151
299	$SnCl_4^{2-} + 2e^- \rightleftharpoons Sn + 4Cl^-$ （1mol/L HCl）	−0.19
300	$SnF_6^{2-} + 4e^- \rightleftharpoons Sn + 6F^-$	−0.25
301	$Sn(OH)_3^+ + 3H^+ + 2e^- \rightleftharpoons Sn^{2+} + 3H_2O$	0.142
302	$SnO_2 + 4H^+ + 4e^- \rightleftharpoons Sn + 2H_2O$	−0.117

序号(No.)	电极过程(electrode process)	$E_A^\ominus/V$
303	$Sn(OH)_6^{2-}+2e^-\Longrightarrow HSnO_2^-+3OH^-+H_2O$	-0.93
304	$Sr^{2+}+2e^-\Longrightarrow Sr$	-2.899
305	$Sr^{2+}+2e^-\Longrightarrow Sr(Hg)$	-1.793
306	$Sr(OH)_2+2e^-\Longrightarrow Sr+2OH^-$	-2.88
307	$TcO_4^-+8H^++7e^-\Longrightarrow Tc+4H_2O$	0.472
308	$TcO_4^-+2H_2O+3e^-\Longrightarrow TcO_2+4OH^-$	-0.311
309	$Te+2e^-\Longrightarrow Te^{2-}$	-1.143
310	$Te^{4+}+4e^-\Longrightarrow Te$	0.568
311	$Ti^{2+}+2e^-\Longrightarrow Ti$	-1.630
312	$Ti^{3+}+3e^-\Longrightarrow Ti$	-1.37
313	$TiO_2+4H^++2e^-\Longrightarrow Ti^{2+}+2H_2O$	-0.502
314	$TiO^{2+}+2H^++e^-\Longrightarrow Ti^{3+}+H_2O$	0.1
315	$Tl^++e^-\Longrightarrow Tl$	-0.336
316	$Tl^{3+}+3e^-\Longrightarrow Tl$	0.741
317	$Tl^{3+}+Cl^-+2e^-\Longrightarrow TlCl$	1.36
318	$TlBr+e^-\Longrightarrow Tl+Br^-$	-0.658
319	$TlCl+e^-\Longrightarrow Tl+Cl^-$	-0.557
320	$TlI+e^-\Longrightarrow Tl+I^-$	-0.752
321	$Tl_2O_3+3H_2O+4e^-\Longrightarrow 2Tl^++6OH^-$	0.02
322	$TlOH+e^-\Longrightarrow Tl+OH^-$	-0.34
323	$Tl_2SO_4+2e^-\Longrightarrow 2Tl+SO_4^{2-}$	-0.436
324	$V^{2+}+2e^-\Longrightarrow V$	-1.175
325	$VO^{2+}+2H^++e^-\Longrightarrow V^{3+}+H_2O$	0.337
326	$VO_2^++2H^++e^-\Longrightarrow VO^{2+}+H_2O$	0.991
327	$VO^{2+}+4H^++2e^-\Longrightarrow V^{3+}+2H_2O$	0.668
328	$V_2O_5+10H^++10e^-\Longrightarrow 2V+5H_2O$	-0.242
329	$W^{3+}+3e^-\Longrightarrow W$	0.1
330	$WO_3+6H^++6e^-\Longrightarrow W+3H_2O$	-0.090
331	$W_2O_5+2H^++2e^-\Longrightarrow 2WO_2+H_2O$	-0.031
332	$Zn^{2+}+2e^-\Longrightarrow Zn$	-0.7618
333	$Zn^{2+}+2e^-\Longrightarrow Zn(Hg)$	-0.7628
334	$Zn(OH)_2+2e^-\Longrightarrow Zn+2OH^-$	-1.249
335	$ZnS+2e^-\Longrightarrow Zn+S^{2-}$	-1.40
336	$ZnSO_4+2e^-\Longrightarrow Zn(Hg)+SO_4^{2-}$	-0.799

注：表中所列的标准电极电势（25.0℃，101.325kPa）是相对于标准氢电极电势的值。标准氢电极电势被规定为零伏特（0.0V）。

参 考 文 献

[1] 贺拥军,赵世永主编. 普通化学实验. 西安:西北工业大学出版社,2007.
[2] 胡春燕,周德红主编. 普通化学实验. 武汉:中国地质大学出版社,2004.
[3] 李桂珍,史乃立主编. 普通化学实验. 东营:石油大学出版社,2000.
[4] David R Lide. Handbook of Chemistry and Physics. 78th edition. 1997-1998.
[5] J A Dean. Lange's Handbook of Chemistry. 13th edition,1985.

参 考 文 献

[1] 王晓明, 化工工艺学. 北京: 化学工业出版社, 2007.
[2] 李国华, 化工原理. 第二版. 北京: 化学工业出版社, 2003.
[3] 李国华, 化工设计. 北京: 化学工业出版社, 2000.
[4] David R. Lide. Handbook of Chemistry and Physics. 78th Edition, 1997, 1998.
[5] Aylward. Lide's Handbook of Chemistry Publication, 1983.